液相色譜

液クロ虎の巻

誰にも聞けなかった
HPLC Q&A
High Performance Liquid Chromatography

監修■東京理科大学薬学部教授 薬学博士
中村 洋

編集■(社)日本分析化学会
液体クロマトグラフィー研究懇談会

筑波出版会

ブックデザイン　繁田 彩

序

　1969年，J.J.Kirklandらが開発した高速液体クロマトグラフィー（HPLC）は，誰にも使える機器分析法として瞬く間に世界中に普及した．現在，HPLCは実験科学の分野で最もポピュラーな分析法であり，科学的なデータに関する最大の生産者と思われる．このように，HPLCは多くの技術者・研究者に愛用されていることから，誰がやっても巧く行くような錯覚に陥るが，実際の試料を分析する段になると以外に難しい．HPLCには30余年に亘る歴史があり，その間に蓄積されたノウハウも少なくない．この類のものは，教科書や参考書には殆ど出ていないのが現状であり，このポイントを外すと思った通りには行かないのである．

　本書は，このような状況に鑑み，液体クロマトグラフィー研究懇談会運営委員会の総力を挙げ，初心者からベテランまで役に立つよう，Q＆A方式で長年蓄えた経験とノウハウを惜しみなく公開したものである．本研究懇談会は社団法人日本分析化学会の下部組織として1974年に設立され，以来HPLCに関する情報交換，文献紹介，講演会等を通じて，主として液体クロマトグラフオペレーターの知識・技術の向上を目的として活動してきた．最近は，HPLC装置メーカー，カラムメーカー，試薬メーカー，ユーザー企業，大学・研究所等に所属する33名で運営委員会を構成し，年に9回の例会と恒例のLCテクノプラザ（2月）に加え，今年度からは泊まり込みの運営委員会総会（夏期），泊まり込みの研修会（LC-DAYs，12月3日・4日）を新たに開催してHPLCの普及に努めている．本書刊行の目的もこの線に沿うものであり，運営委員が中心となってHPLC使用者の目線からQ＆Aを作成した．間違いなく読者のお役に立つ内容であると確信している．誤りや用語の不統一があるとすれば，監修者の非力のなせる業である．ご叱声・ご指摘を賜り，次の機会に是非改訂したい．

　書名については運営委員会でも随分議論し製作会社と相談し，20数種の候補が挙がったが，最終的には出版のプロフェッショナルである出版社と相談し，思い切りくだけたものになった．大学の講義，学会の講習会等では，『液クロ，ガスクロ等の言葉は仲間内の会話なら良いけど，答案，論文，講演等，正式な場では液体クロマトグラフィー，ガスクロマトグラフィーと省略せずに使わなければ駄目だよ』と散々言ってきた手前，多少のばつの悪さはあるが，人口に膾炙するところとなった「液クロ」を素直に許容するこ

とにした．読者諸賢，特に斯界の先達に了解を賜りたい．運営委員会では本書の書名を省略して「液虎（えきとら）」の愛称で呼ぶことにした．今後も「液虎」をシリーズ化し，年に一冊のペースで刊行できることを願っている．出版企画等についてのご助言・ご提案をお寄せ戴ければ幸いである．

最後に，本書出版の機会と有益な示唆を与えて戴いた筑波出版会の花山　亘代表ならびに原稿の取りまとめにご協力下さった悠朋舎の飯田　努社長はじめ社員の方々に深謝する．

　　平成13年10月

　　　　　　　　　　　　　液体クロマトグラフィー研究懇談会委員長　中　村　　　洋

執筆者一覧

監修：東京理科大学薬学部教授　薬学博士　中村　洋
編集：(社) 日本分析化学会　液体クロマトグラフィー研究懇談会

赤星　竹男	化学物質評価研究機構
安中　雅彦	三菱化学
石川　　治	東ソー
石渡　昭男	元　モリテックス
井上　剛史	東京化成工業
海野　益男	東ソー
大河原　正光	横河アナリティカルシステムズ
岡橋　美貴子	病態解析研究所
奥山　典生	プロティンテクノスインスティテュート
門屋　利彦	キリンビール
鎌田　昌史	ジーエルサイエンス
北村　　栄	東ソー
沓名　　裕	資生堂
小池　茂行	ライオン
小宮　克夫	東ソー
斎藤　宗男	日本分光
酒井　芳博	関東化学
佐々木　久郎	関東化学
鈴木　廣志	昭和電工
瀬田　和男	テノックス研究所
妹尾　節哉	元　ノバルティスファーマ
高田　芳矩	日本分析センター
高萩　英邦	三共
瀧内　邦雄	和光純薬工業
塚田　勝男	日立ハイテクノロジーズ
冨澤　　洋	東ソー
長江　徳和	野村化学
中谷　　茂	東ソー
中村　　洋	東京理科大学薬学部
二村　典行	北里大学薬学部

野　村　　　明	産業技術総合研究所
藤　田　登美雄	島津製作所
古　野　正　浩	ジーエルサイエンス
坊之下　雅　夫	日本分光
星　野　忠　夫	病態解析研究所
向　井　敏　和	ダイソー
村　上　重　美	日本ウォーターズ
村　北　宏　之	島津製作所
山　河　芳　夫	国立感染症研究所
山　崎　浩　行	東ソー
山　下　順　三	成蹊大学工学部
山　田　　　強	元　昭和電工
渡　辺　勝　彦	関東化学

(2001.10.現在　五十音順)

あらまし Question 項目

1章　HPLCの基礎と理論　1

1　理論段の考え方は？ ——— 2
2　半値幅で求めた理論段数 N とピーク幅で求めた N が異なる理由は？ ——— 4
3　保証された理論段数が得られない原因は？ ——— 6
4　同じカラムを連結するさい，必要最低本数の求め方は？ ——— 7
5　t_0 またはホールドアップボリュームを測定するのに適当な溶質とは？ ——— 8
6　ソルベントピークとよばれるピークが現れる原因と対策は？ ——— 9
7　クロマトグラムピークの歪みの原因は？ ——— 10
8　ピークテーリングの原因と対策は？ ——— 12
9　クロマトグラム上に現れる負のピークの原因と対策は？ ——— 14
10　内標準物質の選定方法は？ ——— 15
11　ベースラインが移動する，また変わる理由は？ ——— 16
12　検出限界，定量限界と回収率の求め方は？ ——— 18
13　測定法の評価に必要な事項は？ ——— 20
14　クロマトグラフィーの再現性をよくするには？ ——— 22
15　カラムをスケールアップするとき，最大吸着量は SV, LV のどちらに依存する？ ——— 23
16　微量成分の分取のさいの注意点は？ ——— 24
17　分取を行うときのカラム内径と分取可能な量は？ ——— 26
　　グラジエント溶出で，試料と無関係のピークが多数現れる理由は？ ——— 28
　　グラジエント溶出でベースラインが下がる場合の原因は？ ——— 28

2章　固定相と分離モード——充塡剤，カラム——　29

18　液体クロマトグラフィー充塡剤の基材の特徴と選択法は？ ——— 30
19　全多孔性充塡剤の場合に，溶離液は細孔内も流れている？ ——— 32
20　逆相系，ODSでは分離の場はアルキル鎖全体，それとも？ ——— 33

21 微小径の無孔性充填剤の長所, 短所は? ── 34
22 逆相系でC18とC8が多く使われる理由は? ── 36
23 炭素量が異なるとゲルの性質や試料の分離が変わる? ── 38
24 エンドキャッピングとは? ── 40
25 シリカゲル担体の充填剤の方が分離機能が高いのは? ── 43
26 カラムの溶媒置換や, 洗浄, 保管法は? ── 44
27 ポリマー系カラムの洗浄は? ── 46
28 カラムの温度調節の必要性は? ── 48
29 アフィニティー充填剤の特徴と取扱い上の注意点は? ── 50
30 目的にあったHPLCの選択法とは? ── 52
31 天然高分子ゲルの種類と分離目的は? ── 55
32 生体成分の分離精製で, 分離モードの使い分け, 組合せのコツは? ── 56
33 分離条件の最適化の方法は? ── 60

> カラムの寿命でしょうか? ── 63
> カラムが正常かの確認方法は? ── 63
> カラムの寿命を判定する方法は? ── 64
> カラムを枯らしたときは? ── 64
> カラムの充填圧はどのくらいに設定する? ── 64

3章 移動相(溶離液) 65

34 移動相には必ずHPLC用溶媒を使わないといけない? ── 66
35 添加剤入りの溶媒を用いるときの注意事項は? ── 68
36 溶離液を再現性よく調製するにはどうする? ── 70
37 溶離液の作製方法は? ── 72
38 移動相の脱気は必要? ── 73
39 汎用の水-メタノール系と水-アセトニトリル系の移動相の利点, 欠点は? ── 74
40 低圧グラジエントと高圧グラジエントの特徴は? ── 76
41 移動相溶媒のつくり方, グラジエント分離条件の設定は? ── 78
42 溶離法の特徴と応用は? ── 81
43 リニアグラジエント溶出を行う場合, 設定流量の精度は? ── 82
44 任意に連続的に変えられる濃度勾配溶出法とは? ── 84

4章 検出・定量・データ処理 *87*

45 新しい検出系の長所,短所(限界),開発動向は? ——————— *88*
46 溶離に用いる水についての具体的な基準は? ——————— *89*
47 短波長側で測定をするとき,どの程度の波長まで測定可能? ——————— *90*
48 ハードウエアが原因の検出ノイズとは? ——————— *93*
49 S/N を2倍向上させるには? ——————— *94*
50 間接検出法の原理は? ——————— *95*
51 RI 検出器のベースラインを安定させるには? ——————— *96*
52 所定の感度が得られません! ——————— *97*
53 多波長検出器とは? ——————— *98*
54 蒸発光散乱検出器の原理と特徴は? ——————— *100*
55 ポストカラム誘導体化法,プレカラム誘導体化法とは? ——————— *102*
56 重なったクロマトピークの各成分を定量するには? ——————— *104*
57 ピーク面積法とピーク高さ法の使い分けは? ——————— *107*
58 データの信頼性,精度などのバリデーションは? ——————— *108*

データの処理装置と検出器,信号処理部分との接続方法は? ——————— *109*
データプロセッサーの定量精度はどの程度保証される? ——————— *109*

5章 HPLC 装 置 *111*

59 HPLC の設置場所の温度制御は? ——————— *112*
60 装置の配管を行うさいの注意点は? ——————— *113*
61 装置の洗浄,溶媒置換,保守は? ——————— *114*
62 パイロジェンの除去,洗浄法は? ——————— *116*
63 ピーク分離をよくする装置上の工夫は? ——————— *118*
64 カラム溶離液をリサイクルする利点は,欠点は? ——————— *121*
65 ステンレス使用の装置とメタルフリーの装置を比べると……? ——————— *122*
66 「流量正確さ」と「流量精密さ」,両者の違いは何? ——————— *124*
67 ミクロ LC,キャピラリー LC の有用性と市販装置の現状は,ミクロ化は可能? ——————— *126*
68 オートサンプラーによる注入量と注入精度は? ——————— *129*

あらまし Question 項目

アースの取り方は？ ——————— 130
プレカラムの目的は何？ ——————— 130

6章 前処理 131

69 試料調製時の注意すべき点は？ ——————— 132
70 生体試料の取り扱い上の留意点は？ ——————— 134
71 固相抽出法の概要，選択方法は？ ——————— 136
72 試料前処理やカラムスイッチングの自動化は？ ——————— 138
73 血中薬物を直接注入して薬物分析が可能？ ——————— 139
74 試料を溶かす溶媒は，また，試料はどの移動相に溶解させるのがよい？ ——————— 140

7章 応用 143

75 ピーク形状をシャープにするのには移動相に何を添加する？ ——————— 144
76 特定の試料のみ分離不良！ ——————— 145
77 溶媒だけを注入してもピークが出現！ ——————— 146
78 TFAを添加する理由，濃度，使用上の注意点は？ ——————— 147
79 光学異性体分離用カラムの選択法は？ ——————— 148
80 数平均分子量と重量平均分子量とは？ ——————— 150
81 平均分子量の測定値が違ってくる！ ——————— 151
82 校正曲線間の相関はどうなっている？ ——————— 152
83 サンプルがカラムへ吸着して，正確な分布が求められない！ ——————— 153
84 複数のカラムを連結するときの順序は？ ——————— 154

ピークが二つに分かれるのは？ ——————— 156
ピークが時間がたつにつれ小さく変化！ ——————— 156
試料量が多いとピークに肩ができるのは？ ——————— 156
ベースラインが次第に上昇！ ——————— 157
保持時間が一定しません！ ——————— 157

索引 159

1章　HPLCの基礎と理論

Question

1 理論段の考え方について教えてください．

Answer

　クロマトグラフィーの分離がよいということは，成分間の保持時間(リテンションタイム)が離れていて，ピークがシャープであることにほかなりません．つまり保持時間の差とピークの広がりが重要なわけです．理論段数とはピークの広がりを評価するための指標です．

　1940年代にノーベル賞受賞者のMartinとSyngeをはじめとする人々がクロマトグラフィーのプレート理論を築きました．この理論は化学工学の蒸留理論の考え方が基礎になっています．蒸留理論では目的とする分離を達成するために必要な蒸留塔の棚段数を求めることができます．これがもともとの理論段数 N です．蒸留塔の各棚段(プレート)で目的成分が気-液平衡になっていると考え，N を求めます．

　クロマトグラフィーでは，溶離液(移動相)か充填剤(固定相)のどちらかに目的成分がある割合で存在すること，すなわち移動相と固定相の間に二相平衡が成立していると考えます．この平衡に着目し，棚段のアナロジーとして，カラムはそれぞれ平衡化した部屋がいくつも連結してできているというモデルを仮定すると，ピークの広がりをうまく説明することができます．部屋，つまりプレートの数を増せば増すほど，保持時間に対するピークの広がりの比率が小さくなり，分離の改良をはかることができます．

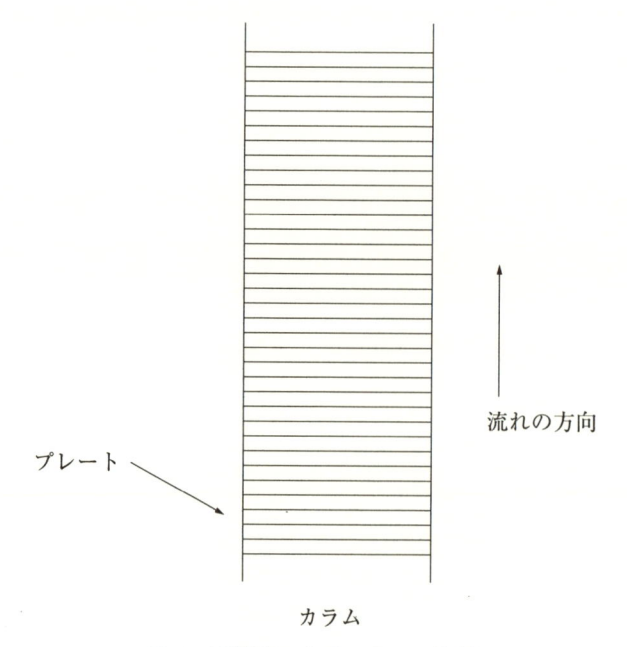

図1　理論段によるカラムの分割

プレートの数はこのように分離と関係があり，本来なんとか数えたいところなのですが，プレートは仮想的なものですから直接数えられません．しかし理論上，プレート数 N はピークの広がり σ（正規分布の標準偏差）と保持時間 t_R で表せるため，σ と t_R を実測すれば N を計算できるわけです．

$$N = (t_R/\sigma)^2$$

　このような理由から，カラムのプレートの数 N をクロマトグラフィーの理論段数とし，分離能力の指標として活用できます．プレート理論はこの分離にとって重要な比率 σ/t_R をこの式によりプレートの数という具体的なイメージに結びつけたと考えられます．またその後，理論段数の考え方は，ピークの広がりや分離能の理論的解析の発展に大きく寄与してきました．

Question 2

半値幅で求めた理論段数 N とピーク幅で求めた N が異なることがあるのは何故ですか．その場合，どちらを選択すべきですか．

Answer

Q1で説明したように，プレート理論から理論段数は

$$N = (t_R/\sigma)^2$$

と導き出されました．しかし統計学的なパラメーターであるピークの分散 σ^2 は，コンピューターの発達していない当時，計算するのが簡単ではなかったと思われます．このため，次のように作図により測定する方法をとりました．ピーク左右の変曲点から接線を引き，ベースラインを切り取った幅，いわゆるピーク幅 W を測定します．この W を用いて，N は次のように表されます．

$$N = 16(t_R/W)^2$$

ここにはピークの形は正規分布型であるという仮定があります．正規分布型を仮定するのであれば，半値幅 $W_{1/2}$ からもピークの分散 σ^2 が導けるため，同様に半値幅 $W_{1/2}$ を使った理論段数の計算式がつくれます．

$$N = 5.54(t_R/W_{1/2})^2$$

半値幅 $W_{1/2}$ の方がピーク幅 W より測定しやすく，また一般に測定誤差も小さいため，半値幅法が広く利用されているようです．

実際のピークはしばしば左右対称ではなく，正規分布型をしていません．正規分布型の仮定が成り立たない場合，半値幅法で求めた理論段数はピーク幅法の値と一致しません．裾広がりのピークに対しては，半値幅法がピーク幅法より敏感に理論段数を見積もり，やや小さくなる傾向にあるようです．

基本的にはどの計算方法がよいということはなく，どの方法によっても理論段数が同じよう

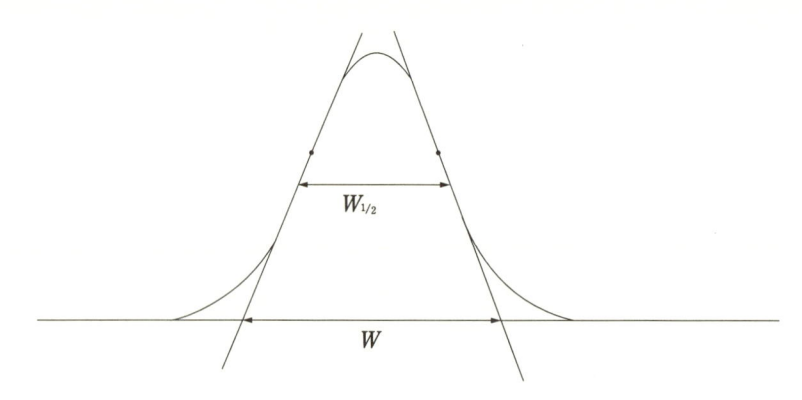

図1 ピーク幅 W と半値幅 $W_{1/2}$

に求められることが望ましいと考えられます．そのためにはピークは正規分布型でなければならず，カラムと溶出方法を最適化することやデッドボリュームを小さくすることが重要となります．

また目的とする成分の理論段数を直接評価することが大切です．カラム検定用サンプルと目的成分の理論段数が大きく異なることがあります．これは分離モードの違いによるものと考えられ，注意を要します．

最近，理論段数をクロマトグラムから直接計算する便利なソフトも市販されています．ここで述べたことを理解した上で，利用することをおすすめします．

Question

3 添付の試験成績書通りの試料を用いて測定を行っても**保証された理論段数が得られません**．どこに原因があるのでしょうか．

Answer

　カラムの性能は溶出時間，理論段数，ピークの対称性などを基準として保証されています．カラムを購入すると試験成績書が添付されています．性能が規格を満足しているかどうかのチェックを行い，データ通りの性能であれば合格となります．これらの値は分析条件によって変わります．そのため，試験成績書に記載されている通りの条件で測定する必要があります．測定試料，試料の濃度，注入量，溶離液，流速，温度など同一にして測定します．

　それでも試験成績書通りの性能が得られない場合があります．試料の溶出時間などに異常がなくピークの広がりが大きい場合には，使用している装置の確認をしてみる必要があります．ピークが広がる装置上の問題としては，試料注入装置から検出器までの様々な箇所が考えられますが，大部分は配管に起因しています．内径，長さが異なると配管の容量が異なり理論段数に影響してきます．下の表は，内径7.8 mm，長さ30 cmのゲル浸透クロマトグラフィー用のカラムを用いて，配管容量と理論段数の関係を調べた結果です．配管容量が増すと理論段数が低下していることがわかります．この傾向はカラムが小さくなるほど顕著となります．

　充填剤の微粒子化に伴い，カラムも小さくなる傾向にあります．カラムの性能を十分発揮するためには，試料が注入されて検出されるまでのあらゆる箇所に注意しなければなりません．

① 配管の内径，長さ，ループインジェクターの容量が使用カラムに適しているか．
② 配管がカラム入口にきちんと接続されているか．
③ 検出器(配管，セル)での広がりはないか．

表 1　配管容量(試料注入装置〜カラム入口間)と理論段数の関係

配管容量(μL)	理論段数(N/カラム)
5	22 000
10	21 500
20	20 000
50	15 000

Question

4 分離が十分でないので同じカラムを連結して目的を達成しようと思います．必要最低本数の求め方は．

Answer

二成分間の分離を示すパラメーターとして分離度 R_s が用いられます．R_s は次式で定義されます．

$$R_s = \frac{\sqrt{N}}{4} \times \frac{\alpha-1}{\alpha} \times \frac{k}{1+k}$$

ここで，N は理論段数，α は分離係数，k は溶質の保持係数です．二成分を完全に分離するには分離度 $R_s > 1.5$ が必要ですので N，α および k を大きくして，$R_s > 1.5$ を満たすことができれば，分離が得られます．N はカラム長に比例するので，同じカラムを連結してカラム長を2倍にすれば N は2倍となります．しかし，R_s は式からわかるように $\sqrt{N}$ に比例して増加するため2倍にはなりません．例えば，$N=14400$ 段，内径 4.6 mm × 長さ 150 mm の ODS カラムで二成分を分離したときの R_s が 1.0 だとすると，同じカラムを連結しても R_s は 1.4 となり（α，k を同じと仮定），分離不十分です．さらに 1 本連結すると，$R_s=1.7$ となり数字的には分離可能と考えられます．しかし実際にはカラム 3 本連結により，分析時間が 3 倍になり，カラム入口圧力も 3 倍になります．理論段数も，溶離液拡散による低下が考えられ 3 倍までは得られません．このように，同じカラムを連結して十分な分離を得るという考え方には限度があります．それらを考慮の上，必要最低本数を求める場合は，R_s が 1.5 以上になるときの N を計算し，カラム 1 本当たりの N で割るようにします．

カラムを連結しなくても，α や k の値を大きくできれば R_s 値も大きくなり分離が期待できます．これらの値を大きくするには，固定相の選択性を変える必要があります．例えば，違う固定相のカラムを使用するとか，溶離液条件を変更するなどが必要です．

充填剤の粒子径を小さくして N を向上させ，同じ分析時間で分離を向上させる方法もあります．例えば，粒子径 5 μm の充填剤を 3 μm に変えることで分離が改善されます．これは，充填剤の粒子径が小さくなるほど，N が大きくなり，その結果，R_s も大きくなるためです．ただし，同じブランドの同じ固定相で充填剤粒子径のみ小さくする必要があるため，適用範囲が限られてきます．

Question

5 t_0 またはホールドアップボリュームを測定するのに適当な溶質は何でしょうか.分離モードごとに教えてください.

Answer

t_0 はカラムのデッドボリューム(ボイドボリューム)もしくはホールドアップボリュームとよばれており,カラムの空隙量を測定する指針となってます.

この t_0 を測定するためには充填剤と相互作用しない化合物を選択することになります.ソルベントピークは t_0 に近いところに溶出しますが,t_0 ではありません.この t_0 を測定するためこれまで多くの化合物の使用が検討されてきましたが,最近では①ウラシル,②チオウラシル,③硝酸ナトリウム,④硝酸カリウムが使用されています[1].

ウラシルとチオウラシルは有機物であり有機溶媒の比率が高い溶離液を使用する場合に多く使用されています.

しかしながら,メタノール系溶離液の場合メタノールの比率が小さくなるに従って,これらの保持時間は延びる傾向にあります.

このため水の比率が高い溶離液を使用する場合のホールドアップボリュームを測定するには硝酸ナトリウムもしくは硝酸カリウムを使用することが良策と考えられます.

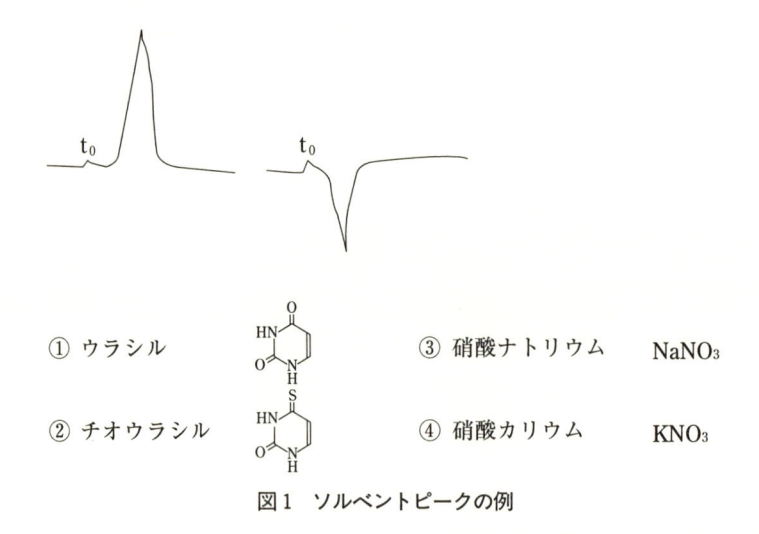

① ウラシル

② チオウラシル

③ 硝酸ナトリウム　　$NaNO_3$

④ 硝酸カリウム　　KNO_3

図1　ソルベントピークの例

---

1) M.J.M. Wells, *et al.*, *Anal. Chem.*, **53**, 1342(1981).

Question

6 LC 測定において t_0 付近に **ソルベントピークなどとよばれるピークが現れる**ことがあります．原因と対策を教えてください．

Answer

　t_0 付近にソルベントピークが現れる理由ですが，最も大きな要因として，試料溶媒と溶離液が異なる場合に多くみられます．例えば，溶離液がアセトニトリル系であるにもかかわらず，試料溶解液がメタノールである場合，かつ UV 検出波長が低波長である場合にソルベントピークが大きく出現します．

　ソルベントピークが出現する具体的な要因として，例えば，UV 検出器を使用する場合，溶離液と試料溶解液との紫外部吸収の差が大きいことがあげられます．何故なら，クロマトグラムのベースラインは溶離液の紫外部吸収で安定化されます．ここに吸光度の違う溶媒が流れてくれば，当然ながら吸光度が変化しベースラインが変化します．したがって，アセトニトリル系溶離液にメタノール溶液を注入しますと，特に低波長側，210〜250 nm 位までの波長で測定をするさいには，t_0 付近にメタノールのピークが出現することになります．

　それでは何故ソルベントが t_0 付近に現れるのか，その理由ですが，普通，ソルベントは，固定相との相互作用が小さいため，カラムを素通りし t_0 付近に出現します．

　以上ソルベントピークが出現する理由を説明しましたが，それではこれを防ぐ方法ですが，試料を溶離液に溶かすことによりソルベントピークを抑えることが可能です．また，試料が溶離液に溶けない場合は，まず，試料を別の溶媒に溶解させ，溶離液で希釈することによりソルベントピークを抑えることが可能となります．

M.J.M. Wells, *et al.*, *Anal. Chem.*, **53**, 1342 (1981).

Question

7 クロマトグラムピークの歪みの原因 とその原因を確かめる方法を教えてください．

Answer

クロマトグラムピークが歪んで非対称的になる原因は様々です．以下にその原因を箇条書きにして確認方法を述べます．

① 小さなピークがピークの後ろに重なっています．この場合は，原理の異なる検出器に変えてみたり，検出波長など検出条件を変えピークの形状変化をみるか，あるいは多波長検出器を用いてピーク純度を調べてみます．

② 試料のオーバーロード．当然，試料量を減らせば問題がなくなるのですぐわかります．キャパシティーの大きなカラムに交換してみるのもよいでしょう．

③ カラム内や流路に袋小路や空隙ができます．カラム充填圧が低すぎる場合にもカラム上端に隙間ができてテーリングを示すことがあります．原因がカラムか装置かを確かめるためカラムを他の装置に接続してみるか，あるいは問題のないカラムに交換してみます．装置に原因がある場合は配管や部品を一つ一つ交換して性能を調べるなど，装置を見直すことです．

④ カラムが汚染されているかフリットが破損するなどカラム部品に欠陥があります．カラムを逆方向に使ってみると，カラム入口部に問題がある場合は性能が回復します．

⑤ カラム内温度にムラがあります．この場合は，ピークが太くなったり，ピーク割れを起こしたり極めて異常になることがあります．プレカラム加熱を十分に行うか，流路系および試料の温度がすべて同じ温度になるようにしてクロマトグラムを描いてみるとおおむね見当がつきます．

⑥ カラムと溶離液の組合せそれ自体が目的成分の分離に適していません．2種類以上の作用様式がその目的成分に働き，特に保持時間の長い成分のテーリングやときにはリーディングが目立つことがあります．テーリングする成分が早く溶出するように溶媒の極性などを変えてみましょう．

- 逆相クロマトでシリカ系カラム充填剤の未反応のシラノール基と試料中の目的成分との相互作用によるテーリングは，エンドキャップ反応が不十分なときに顕著です．特に，アミンや他の塩基性官能基をもつ成分は強く作用します．目的成分が塩基性物質の場合は，溶離液のpHに注意しながらトリエチルアミンを5〜10mM程度の濃度になるように加えるとテーリングはたいていなくなります．イオン化を抑制する緩衝液を用いてみてもよいでしょう．$k=5$〜10の成分は$k'=1$位にまで早く溶出するように溶離条件を変えて溶出させてみるとテーリングは減ります．イオン性のものは，イオンペア剤を加えてみましょう．
- サイズ排除クロマトグラフィーでイオン排除，イオン交換，疎水結合など各種吸着現象が

共存する場合のピーク形状の異常は，溶離液のpHを変えてみる，塩濃度を高める，アルコールなどの有機溶媒を加えてみるなど，予想される妨害相互作用を抑制する対策を実施し，その結果から確認します．
・溶離液の緩衝作用不十分によるピーク歪みは溶離液の緩衝効果を高めてみましょう．
⑦ 試料を溶離液より著しく溶出力の強い溶媒に溶かした場合，その溶媒により溶出され，ピークがひずむ場合があります．
⑧ ベースラインの乱れと目的成分ピークとの重なりによる歪みはブランク試料を注入してみれば確認できます．溶離液の切り替えや不純物に注意が必要です．

Question

8 ピークテーリングの原因と対策 を教えてください．逆相クロマトグラフィーでピークがテーリングする原因は吸着だといわれますが，何故ですか．

Answer

クロマトグラフィーにおいては，固定相-溶質-移動相の種々の相互作用により溶質は固定相に保持され，検出器によって検出され，記録紙上に保持時間対濃度としてピークの形態で記録されます．そのさいに試料が単一成分に分離されており，ある一定の分離モードによって固定相中を均一に移動する場合にはある統計的なルールに従うピーク形状となります．しかしながら，種々の要因によってピーク形状は乱され，ピークの幅が広がったり，テーリングやリーディングといった異常なピーク形状が出現することが実際のクロマトグラフ分析ではよくみられることです．ここでいうテーリングとかリーディングとは，ピークの頂点を中心にピークを前半と後半に分けた場合に，後半のピーク幅が大きいときがテーリング，前半のピーク幅が大きいときがリーディングといいます．ご質問のテーリングには種々の原因が考えられますが，その主なものと，その一般的な対策について以下に簡単にまとめます．

① カラムに対する試料の過負荷：試料の負荷量を減らすか，より大きなカラムを使用する．

② 分離条件設定の不備：移動相組成，pH値，塩濃度，カラム温度などの分離条件を再検討する．

③ カラムの劣化：出荷時に添付されているデータと比較し，カラムの劣化を確認する．劣化カラムの再生は通常困難であり，新たなカラムと交換することをすすめたい．再度劣化することを防止するために，移動相のpH値，塩濃度などの分離条件を再検討されたい．

④ 流路内でのデッドボリューム：カラム以外の配管系でのデッドボリュームが原因の場合は配管の内径や接続部などをチェックし，適当なものと交換する．

⑤ カラム内での移動相の不均一な流動：カラム充填剤のカラム内での不均一な充填状態が原因と考えられ，再充填が必要であるが，ユーザーが再充填し，初期の性能を出すことはきわめて困難であり，カラムの交換をすすめたい．

⑥ カラムへの吸着物の蓄積：溶解性の強い溶媒でカラムを洗浄する．

以上の他に現在，逆相クロマトグラフィー用として広く用いられているODS-シリカゲルカラムにおいて，残存シラノール基または金属不純物などが原因といわれている塩基性化合物のテーリングの問題があります．ODS-シリカゲル充填剤はシリカゲル表面に存在するシラノール基にオクタデシル基を化学修飾し，その後，残留するシラノール基をシリル化剤などでエンドキャッピングすることにより不活性化を行います．この不活性化の度合によって塩基性物質などの極性成分のテーリングの度合が大きく影響され，現在，完全な不活性化をめざして精力的に研究開発が行われています．また，この不活性化の度合はカラムの耐アルカリ性にも大き

く影響し，不活性化の進んだ ODS-シリカゲルカラムでは pH 10 程度でも十分耐久性があるといわれます．ベースとなるシリカゲルについても金属不純物の除去や細孔構造の制御などの研究が活発に行われています．このような残存シラノールや金属不純物が原因とされるテーリングはシリカゲル表面に局在して不均一に存在する活性点に起因すると考えられ，一部の溶質のみがこの活性点と吸着による相互作用を受け，保持時間の遅れが生じるものと考えられます．

Question

9 クロマトグラム上に負のピークが現れ，定量分析の妨害になります．原因と対策を教えてください．

Answer

　光の吸収を測定している場合(UV検出器など)，負のピークは試料の溶媒の測定波長における吸収が，溶離液の測定波長における吸収よりも少ないときに起こります．例えば，メタノール-水(80：20)の溶離液を使用している場合に，メタノール-水が50：50の溶媒に溶かした試料を注入した場合，メタノールの溶出位置に負のピークが現れます．負のピークは溶離液組成の影のようなもので，溶離液の組成が複雑になると，負のピークがいくつも現れることがあります．この溶離液に起因するピークは，負の側にも正の側に出ることもあり，これらをシステムピーク[1,2]とよぶことがあります．

　また溶離液の屈折率と異なる溶媒などが溶出すると，屈折率の差によるレンズ効果によって，負のピークが現れることがしばしばあります．この場合には，負のピークに続いて正のピークが出ることが多いようです．また反対に正のピークに続いて負のピークが出ることもあります．

　このようなシステムピークを消すには，試料を溶離液で溶かすのが簡単な方法です．

　なお，吸収の強い溶離液を使って，測定対象を負のピークとして検出する方法もあります[3]．

---

1) Shulamit Levin, Eli Grushka, *Anal. Chem.*, **58**, 1602～1607(1986).
2) Shulamit Levin, Eli Grushka, *Anal. Chem.*, **59**, 1157～1164(1987).
3) M. Denert, L. Hackzell, G.Schill, E. Sjogren, *J. Chromatogr.*, **218**, 31～43(1981).

Question

10 内標準法で定量分析を行う場合，**内標準物質の選定方法**を教えてください．

Answer

内標準物質の選定にさいして考慮すべき条件として下記の項目があげられます．

内標準物質の化学的特性に関連する条件
- 目的とする分析対象試料に含有されない化合物．
- 純粋/高純度のものが望ましい．
- 安定性がよい．
- 検出特性が分析目的物質と大きく異ならない（近似している）．
- 溶出挙動/特性が分析目的物質と大きく異ならない．
- 移動相溶媒に対する溶解度が十分である．

その他考慮すべき条件
- 入手性/経済性（汎用か，特殊用途か）
- 分析時間/効率性

上記の条件を考慮し，内標準としての候補物質をリストアップし，実際に使用するHPLC分析条件でクロマトグラムを測定し，目的物質および関連物質ピークと重ならず適度に分離した位置 t_R にピークとして出現するものを逐次的に探していきます．

目的物質と内部標準物質のそれぞれのピークが分離度 $R_S>1.5$ であると同時に分離系数 $\alpha=k_2/k_1$ として $1.1\sim3.0$ または $0.5\sim0.9$ の範囲が定量分析用の内標準物質としては多くの場合適当です．分析の時間的な効率が要求される多数サンプル分析の場合は，内標準物質が目的物質より先に溶出することが望まれます．

HPLCの分析条件（pH，温度，有機溶媒の濃度など）の調整により溶出時間比が適当な状態にすることも場合によっては必要となってきます．条件が最終的に決定されれば，その条件下で定量分析に関する必要なバリデーションを実施し，記録に残すと同時にシステム適合性についても規定することが重要です．医薬品や生体試料など，多成分を同一クロマトグラムから定量しようとする場合は，分析目的に合致する範囲で，内標準の選定に関しても分析効率，経済性の点から妥協を求められることも多くなります．

Question

11 カラムスイッチングのさい**ベースラインが移動する**のは，また**圧力が変わるとベースラインが変わる**のは何故ですか．

Answer

　使用する検出器，カラム，プレカット・ハートカット・バックフラッシュなどのシステムの違いにより，ベースラインショックやゴーストピーク（システムピーク）の意味も多少変わってきます．

　UV検出器を用いて分析する場合，UV吸収に差が生じるようなケースは理解しやすいと思います．UV吸収に対して透明な溶離液を用いた場合でも，高感度の測定では問題になる場合があります．図1, 2は同じ溶離液を用いたバックフラッシュの例です．ベースラインの変動が現れています．この原因は検出器セル内の流量や圧力変化により屈折率の変化が起きているためと考えられます．液体レンズ効果であたかも吸収が変化したようにみえます．影響の少ないテーパーセルを使用するのも手ですが，ショックの影響を受けない位置に目的成分を溶出させる条件をつくることが大切です．ショックピークの谷よりもベースラインが下にくるように調整すれば，大きなショックが現れても，データ処理装置が変なベースラインを引くことは少なくなります．図3はマルチファンクショナルなプレカラムを用いて除タンパクを行うときのモードでのブランクデータです．メインカラムは逆相系の有機溶媒が多い溶離液ですが，プレカラムへは水-リン酸緩衝液を流しています．スイッチングを行いますと，プレカラム内の大量の緩衝液がメインカラムに入りますので，大きな流量変化が生じますが，このクロマトグラムにはさらに不純物のピークが重なっています．水系の溶離液を長時間流していますと，不純物が蓄積されますので注意が必要です．

　カラムスイッチングを行うと不可解な現象がでる場合があります．あたり前のことですが，科学の原理原則に基づきロジカルに，手間を惜しまず一つ一つ潰していくことが問題解決の早道です．

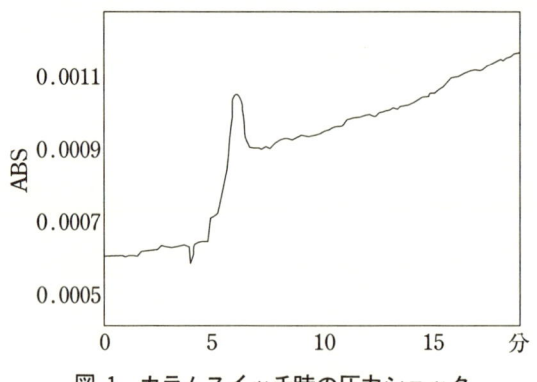

図1　カラムスイッチ時の圧力ショック

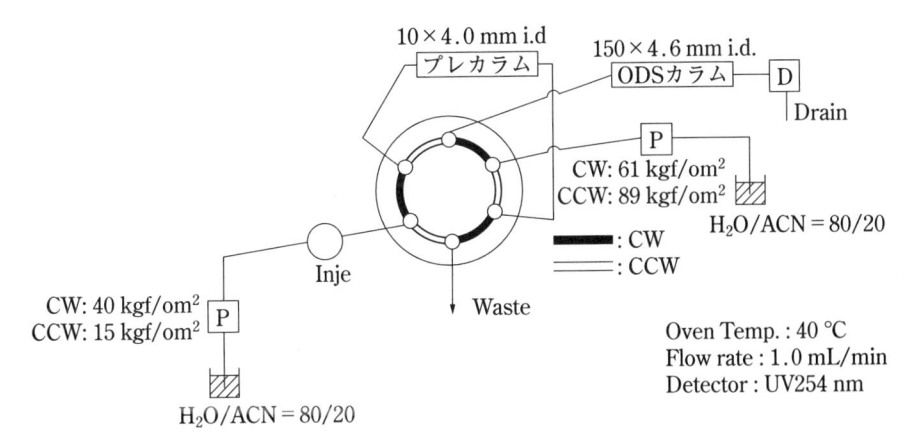

第1章　HPLCの基礎と理論　17

図2　バックフラッシュモードのフロー図

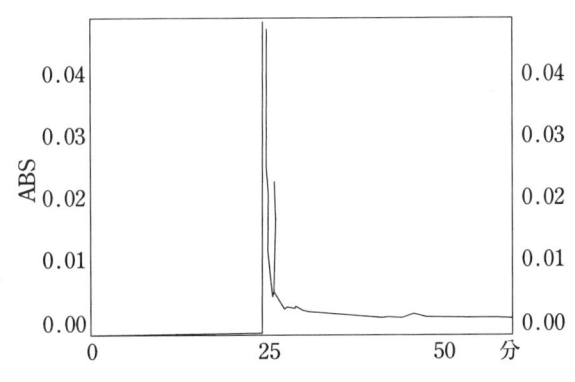

図3　不純物によるゴーストピーク

Question

12 HPLCによる定量分析で，**検出限界，定量限界と回収率**の具体的な求め方を教えてください．

Answer

検出限界(detection limit, DL)：試料中に存在する分析対象の検出可能な最低の量

定量限界(quantitation limit, QL)：適切な精度と真度を伴って定量できる試料中に存在する分析対象物の最低の量

回収率(recovery)：試料中に存在していた，または加えておいた分析対象物の量に対する試料から取り出されたまたは測定された量の比率

定量分析において検出限界または定量限界の推定が必要となるのは微量成分(物質)の定量値を得ようとすることを目的とする天然物由来生体試料，環境試料，マトリックス体試料(医薬品製剤，食品などを含む)，医薬品中の不純物の定量などです．検出限界は，ブランク試料または，分析対象物が存在しない場合の検出器信号に比べ，分析対象物の信号が明確に数値(量)として認識できる物質量の下限値で，定量限界は検出される上に数値量として信頼性(ある程度の確率以上)が保証できる下限量です．

検出限界(DL)を求める方法[1]

① 視覚的評価に基づく方法：分析対象物が確実に信号として検出できる最低の濃度．既知濃度の分析対象物を含有する試料を分析し，(ブランク試料の信号と比較して)視覚的に確かめる．ノイズがある場合，信号(S)とノイズ(N)の比S/Nが2または3で検出できるものとする．

② S/Nに基づく方法：ベースラインがある場合ブランクの試料の信号と比較します．

　　　　　$S/N : 2〜3$

③ レスポンスの標準偏差と検量線の傾きに基づく方法

　　　　　$DL = 3.3\sigma/SL$

ただし，σ：レスポンスの標準偏差，SL：検量線の傾き(濃度勾配)

・ブランク(信号)の標準偏差に基づく方法　適当な数のブランク試料についての測定を行い，そのレスポンスの標準偏差を計算することにより，バックグランドの強度の推定値とします．

・検量線に基づく方法　検出できる限界に近いと推定される濃度の領域で試料3〜5水準の試料について定量測定を数回繰り返して行い回帰直線(最小自乗法による)を求めます．残差の標準偏差，またはY切片の標準偏差をブランクの標準偏差とします．

定量限界(QL)を求める方法

検出限界を求める方法③と同様な方法によります．

$$QL = 10\,\sigma/SL$$

ただし，σ：レスポンスの標準偏差，SL：検量線の傾き(濃度勾配)

さらに求めた定量限界に近い濃度に調整した適当数の測定により，定量限界が妥当であることを証明しておくことも必要です．

回収率の求め方

検量線の直線性が成立する(回帰直線の相関関係 0.99 以上)範囲で，標準的分析濃度の 100% 含む 3 水準の濃度における標準物質の既知量を添加した試料溶液を分析し，添加前と添加後の定量値の差と，添加量の比率として計算します．通常の定量では目標(標準)分析濃度の 80，100，120% で回収率を求めるのがバリデーションとして一般的とされています．回収率が特に問題となるのは，天然物やマトリックス試料などで複雑な前処理操作を行って試料溶液を調製する場合です．前処理の過程で発生する可能性のある吸着，抽出残存，分解等による分析目的物質のロスを評価し，極力回収率を 100% に近づける工夫が要求されます．

また，前処理などの操作に伴うロスが避け難い場合には，分析対象物質と物理化学的特性が近似する物質を内標準物質として選び，ロスの相対的補正を実施することも必要となります．

---

1) Extention of the ICH Text on Validation of Analytical Procedures：Step 2 of the ICH Process on 29 November, 1995 by the ICH Steering Committee.

Question

13 定量分析法を研究開発するさい，**測定法の評価**に必要な事項を教えてください．

Answer

1) HPLCによる定量分析法を開発設定する場合，最も重要なことは，その定量の目的が何であるかを明確に把握することです．何が定量すべき対象であり，その定量結果により何を行うかを明らかにすることにより，方法の開発方針が決まってきます．

例えば，① 品質の規格として定量値を求め，品質が一定基準を満足するものか否かの判定を行う場合，② 生体成分や環境試料の場合のように，その定量結果をもとに健康状態の診断材料としたり，環境対策を立てる場合，など目的により必要とされる定量の真度(正確性)精度，所要時間(効率)などが異なってくるのは当然で，開発検討の計画自体に影響を与えます．

2) 次に重要なことは，試料の物理化学的特性と，目的とする定量対象物の化学的性質を十分に調査，確認することです．対象試料が単一素材といえるものか，マトリックスとして多成分を含むものか，天然物，環境試料のように多様な自然物質を基礎構成成分として含み，目的物の含有量が極めて少量であるかが，問題となります．

必要な場合は方法開発に先立ってHPLC以外の方法により半定量的な，目的物質の標準的な含量/濃度を求めておく必要が生じることもあります．HPLC測定の前段階として前処理法の開発が必要となることは多いのです．

3) 目的と試料の内容が明確化されればHPLC測定法の検討計画を立てることが可能となります．まず，HPLC分離系の選択，すなわち順相系，逆相系，イオン交換系，サイズ排除系，さらにはキラル分離系の中から目的に適する分離系を調査し決定をします．

測定法に関する検討事項は，ICHで討議され，局方にも収載されている下記のものがあります．

- 標準品　　　：標準物質があるか，入手は容易化，内部標準の必要性はあるか．
- 特異性　　　：共存物質と分離は十分であるか．
- 真度(正確性)：真値または理論値にいかに近い値が求められるか．
- 精　度　　　：繰り返し測定による誤差，バラツキは許容できるものか．試験者，日時，装置などを変えた場合，試験室を変えた場合のバラツキはどの程度になるか．
- 直線性　　　：測定濃度領域で検量線の直線が成り立つか．
- 範　囲　　　：測定の濃度の限界が決められるか．
- 頑健性　　　：測定条件を故意に変動させても，測定値の変動は少ないか．

4) 測定法の検討手順：逆相クロマトグラフィー系の例

① カラムの選定：逆相系分離用カラムの市販品は極めて多岐にわたっています．メーカーの資料，文献などにより類似する分析測定の例があれば，検討の出発点として利用するのが効果的です．経験豊富なクロマトグラファーの意見を聞くことが可能な場合はアドバイスを求めるのが最も近道となります．

注意点の一つとして，カラムメーカーの品質規格が明確化され保証されているカラムを選ぶことで，後日のトラブルを少なくします．

② 特異性：目的成分と共存/妨害成分のピーク分離の検討は，標準品，共存/妨害成分の個別，さらに対象試料の溶液を用いて測定条件，パラメーターを変更しクロマトグラムの測定を順次行います．この場合検討すべきパラメーターが多くなるため実験計画法を活用することが推奨されます．

クロマトグラムから分離系数 α，分離度 R_s，保持係数 k と保持時間 t_R の関係を求め，目的に応じた最適パラメーターの選定を行います．当然のことながら真度，精度，時間，効率，経済性など，重点をいずれかにおくかにより，条件は相当変わったものとなります．

③ 真　度：標準スパイクサンプル(溶液)を用いて検討すると同時に目標濃度とその±20％濃度における添加回収率も確認します．

また，データ処理および計算法に関しても，実験者に誤解の生じることのないような記述・説明を行うのがよいと思われます．

④ 精　度：均質な試料を用い，複数の測定を行い測定値のバラツキを求めます．測定値の分散，標準偏差または相対標準偏差で表します．

- 併行制度　短時間に分析条件など(試験室，試験者，日時，装置，器具，試薬のロットなど)を変えずに測定を行います．
- 室内再現精度　同一試験室内で，試験者，試験日時，装置，器具および試薬のロケットなどの条件の一部または全部を変えて分析を行います．
- 空間再現精度　試験室を変えて均質な検体から得た複数試料の分析を行います．空間の精度を総合して評価します．通常，空間再現精度の大きさから分析法の採否を決定します．

⑤ 直線性と範囲：一定範囲内で試料溶液中の濃度と測定値との間に比例関係が成立することを確かめます．定量限界に近い濃度を5水準以上の濃度で，それぞれ繰り返し3回以上の測定を行い最小自乗法による回帰直線を求めます．相関係数は，0.99以上であることが望まれます．

⑥ システム適合性試験：HPLC 測定の条件パラメーターが決定され，試験法として記述するさいに，あらかじめ規定しておく必要があるのは，システム適合性試験の項目と適合基準です．項目としては保持係数 k または保持時間 t_R，繰り返し精度 R_{SD}，分離度 R_s，理論段数 N，テーリング係数 T などがあげられます．

Question

14 クロマトグラフィーの再現性をよくするにはどうすればよいでしょうか．

Answer

クロマトグラフィーは，すべての条件が完全に一定ならば再現されるはずですが，実際のクロマトグラフィーでは，様々な誤差要因からどうしても若干の変動が出てきます．再現性よくクロマトグラフィーを行うためには，できるだけ条件の変動をなくすようにしなければなりません．そのためには，装置，カラム，溶離液，サンプル，操作をできる限り一定の条件にしてクロマトグラフィーを行う必要があります．

装　　　置

システムの各部分について以下のような点に注意しなければなりません．
① ポンプ部：ポンプの流量が正確で安定しているか，グラジエントが正確にできているか．
② ミキサー：溶媒のミキシングが十分にできているか．
③ サンプル注入部：サンプルが正確に注入されているか．
④ カラムオーブン：恒温槽内の温度は一定しているか．
⑤ 検出器：応答性に変化はないか，ランプは劣化していないか．
⑥ 記録計：記録計(データ処理装置)は正確に作動しているか．
⑦ 流路：デッドボリュームは最低限に抑えられているか．

カ ラ ム

カラムについては，劣化について注意する必要があります．また，一連の実験にはできるだけ同一のカラム，同一ロットの充填剤を使用する方がよいでしょう．

溶 離 液

溶離液の作製についてはつねに同一の方法に従い作製するようにします．使用する溶媒，水，試薬などはできるだけ高純度のものを用います．また，調製した同一溶液を長時間放置すると蒸発による組成の変動が生じたり，雑菌が繁殖したりすること(特に水系の溶離液の場合)があるので，なるべくフレッシュなものを用い，溶液の注ぎ足しは避けます．

サンプル

サンプルの濃度，容量，溶液条件，調製法，分析まで保存時間や保存法などの条件をできるだけ一定にします．

操　　作

操作温度，カラムの平衡化時間などの操作条件を一定にします．性質の極端に異なる2溶媒間でのグラジエント溶離の場合には，100%から100%のグラジエントはなるべく避けた方がよいでしょう．できるだけ，1〜5%程度の溶離液で平衡化し，グラジエント溶離を開始します．

Question 15

吸着モードについてカラムをスケールアップするときに，**最大吸着量はSV，LVのどちらに依存する**のでしょうか．また流速設定は具体的にどのようにしたらよいのでしょうか

Answer

SV (space velocity：空間速度)　　　$SV = V_f/V_c = V_f/A \times L$
　V_f：流速，V_c：カラム容量，A：カラム断面積，L：カラム長さ
LV (linear velocity：線速度)　　　LV 吸着量を最も有効に発揮するカラムサイズ＝V_f/A
で表せます．

Q 17 の後半で説明しましたように，最大吸着量は動的結合容量で決定できます．したがって，「答はどちらにも依存する」となります．

この質問は，スケールアップ時，特定の物質を吸脱着モードで精製する場合のスケールアップにおいて，カラムサイズ｛カラム径(断面積)と長さ｝の設定に関する質問と解せられます．そこで，吸着モードにおいてカラムをスケールアップするときに，小さいカラムを用いた実験検討により，実用的で高性能な(コストパーフォーマンスの高い)カラムサイズを決定する方法について以下に解説します．

検討用の小さいカラムを断面積方向に拡大する場合は，線速度を変えなければ，動的結合容量は断面積当り変化しません．したがって，充填剤の物理的強度が弱くともそのままスケールアップをすることが可能となります．また，太く短いカラムの方が短時間で1回のクロマトグラフィー分離を完了するには有利となります．

しかし，太く短いカラムは断面積方向の流れの均一性に問題が発生しやすいこと，また同じ体積であれば一般に太く短いカラムより細長い空カラムの方が安価なことを考慮すると，充填剤の強度に問題がなく，分離時間も大きく長びかない程度にカラムサイズを長さ方向に伸ばすことを想定してデータをとることも必要となります．カラムの(ベッド長さ)/(直径)比は断面積方向の流れの均一性を考慮すると1.0以上が好ましく，静的結合容量のデータまたは予備実験によって，スケールアップ後のカラム体積を想定して，カラム長さは同じで断面積を縮小したカラムで動的結合容量データをとることがスケールアップ因子による誤差を最小に抑えるために重要です．すなわち，まず分離時間と充填剤の強度を考慮して，カラム長さを決定します．続いて，その長さで断面積の小さなカラムで動的吸着容量を検討し，最終的なカラムサイズを決定する方法がよいと考えられます．

Question

16 HPLCを用いた**微量成分の分取のさいの注意点**は何ですか．

Answer

　HPLCを用いて微量成分を回収率を落とさずにできるだけ効果的に分離精製するには，操作のあらゆる過程で微量物質の分離に適した方法をとる必要があります．すなわち，高感度化への対応とロスのない微量物質の取扱いへの対応をしなければなりません．特に，以下のような点について注意して目的物質に適したシステムを構築し，分取操作を行う必要があります．

使 用 溶 媒

　分取を行うさいには，できるだけ安定で不純物・添加物がない溶媒を使用することが大前提です．

HPLC 装　置

　微量物質のHPLCを行う場合には，検出感度を上げることと，サンプルのロスを少なくするという目的から内径の小さいカラムを用いることが有効です．HPLCのマイクロ化と高感度化を行うためには，HPLCの装置の各部がそのような操作に対応した能力と設計がなされているものを使用することが必要です．例えば，ポンプの低流速域での安定性，グラジエントがきっちりとできているか，検出器の感度性能，必要最小限の流路になっているか(デッドボリュームを小さくする．)などに注意してHPLCシステムを組み，分離操作を行います．

カ ラ ム

　上述のように高感度で回収率よくHPLCによる分離分取操作を行うには分離に必要な最小限のカラムを用いることが望まれます．そこでマイクロボア，ナローボアとよばれる内径の小さなカラム(0.5〜2mm程度の内径)が微量物質の分離精製には用いられます．カラム長も必要以上に長いものは回収率の低下を招きます．

　HPLCを用いた分離分取で回収率を下げる大きな要因として充填剤への非特異的な吸着によるものがあげられます．分離する物質の非特異的な吸着が少ない充填剤を選択してください．最近では，非特異的吸着の原因となるシラノール基を高度にキャッピングしたものやコーティングしたものも市販されています．時に新品のカラムを用いた場合に回収率が低いことがありますが，これは充填剤への非特異的な吸着が原因であると考えられます．また，微量の分離分取には非多孔性の充填剤も適しています

溶 離 条 件

　微量物質の分離精製の場合，目的物質が溶離してくるさいに希釈された状態であると検出も困難になりますし，分取後の溶液の濃度が低くなり容器への吸着がサンプルのロスにつながります．したがって高感度かつ高回収率で分取し，また分取後の取扱いを容易にしかつサンプルの

ロスを少なくするためには目的物質の濃度が高い状態で回収することが望まれます．溶離条件の設定にあたっては，高い分離を追及するとともにできるだけ目的物質の濃度が高い状態で溶離させるように配慮する必要があります．

当然のことですが，HPLCに使用する溶媒や水は高感度検出に対応した高純度グレードのものを用いるようにします．また，溶離溶媒の選択にあたっては分取後の操作を考慮して揮発性のものを用いるなどの工夫も必要でしょう．いくつかのモードのHPLCを組み合わせて精製を行う場合には，サンプルのロスがないように考慮してその順番について決めるようにします．

分 取 操 作

HPLCで分取操作を行うさいには，まず検出器で物質の溶離が認められてから，物質が流出口から出てくるまでの時間を測定します．検出器で検出されてから，物質が流出口に出てくる時間差を考慮して分取操作を行います．

溶離液を分取する容器についても十分に注意する必要があります．目的物質の吸着の少ない材質のものを選択します．例えば，極性物質の分取にはシリコンコーティングなどをした容器を用います．逆に，疎水性の高い物質を分取する場合にはプラスチック製容器やシリコンコーティングを施した容器では吸差ロスが大きいので，ガラスなどの親水性に富む容器を用いるのが定石です．

Question 17

分取を行うときの**カラム内径と分取可能な量**についての目安を教えてください。最大注入量，最大注入濃度，カラムサイズ，また充塡剤の粒子径と理論段数の関係などについても．

Answer

液体クロマトグラフィーを用いて分取する場合，分離モード，溶出方法，充塡剤の物性，対象物質，サンプル組成，不純物との分離度，カラムサイズなど変動因子が多く，負荷量について一口で表現できません．したがって簡単な実験をして推定する方法が効果的です．溶出方式には，イソクラティック溶離法とグラジエント溶離法がありますので，それぞれについて解説します．

イソクラティック溶離法を用いた場合

① 最大注入量の求め方：サンプル中の対象成分と不純物(i, j)の分離を例に，両サンプルが分離できる注入量(以下最大注入量)の算出法を示します．まず十分に薄いサンプルを微小容量注入し，両成分の溶出容量とピーク幅を測定します．完全分離している場合は以下の式から最大注入量が推定できます．

$$理論段数：N = 16(V/W)^2 \quad (1)$$

V：溶出容量，W：ピーク幅(容量)

完全分離の場合：$2 \geqq (V_j - V_i)/(W_i + W_j)$ (2)

注入量を V_s としたときの溶出容量：$V_{si} = V_i + V_s/2$，ピーク幅：$W_{si} \fallingdotseq W_i + V_s$，したがって式(2)は

$2 \geqq (V_j - V_i)/(W_i + W_j + 2V_s)$

$$最大注入量：V_{max} \fallingdotseq (V_j - V_i)/4 - (W_i + W_j)/2 \quad (3)$$

で表せます．

② 最大注入濃度の求め方：最大注入量の場合で，サンプル濃度を増やして各ピークの理論段数が減少しない濃度が最大注入濃度となります．最大注入濃度かつ最大注入量で操作するとややオーバーロードになる場合があります．またカラム効率の経時的な低下も考慮する必要があり，実際には安全率を掛けることが必要です．

③ カラムサイズの求め方：

内径：断面積に比例

長さ：$\sqrt{L_z}/\sqrt{L_0}$ に比例（L_0：検討に用いたカラム長さ，L_z：スケール変更後のカラム長さ）

したがって，同じ充塡剤量を用いた場合，カラム2本をシリーズに繋いで使用するよりも，カラム径を $\sqrt{2}$ 倍にした方が2倍の負荷量が期待でき有利です．

④ 充塡剤の粒子径の選び方：式(2)より高理論段数カラムでは W_i および W_j が減少します

から，その分注入量を増加できるように思われますが，高理論段数カラムの方が低濃度でオーバーロードを起こしやすいため，最大注入濃度は低理論段数カラムよりも低くなります．したがって，最大負荷量は変わらないかまたは減少することもあります．すなわち，同じ分離が得られる成分の高負荷量の分取においては，高理論段数のカラムより低理論段数のカラムの方が有利といえます．高理論段数のカラムでしか分離できない成分の精製には低理論段数のカラムが使用できないのはいうまでもありません．

グラジエント溶離法を用いた場合

グラジエント溶離法は，吸着モードの場合ですから，グラジエントの初期溶離液を適切に選択することで，充塡剤に試料中の目的成分および目的成分よりも強い吸着を示す成分の静的結合容量を(仮に)最大となるように負荷量を調整します．したがって，試料中の分取対象成分よりも吸着の低い成分が吸着しない分離モードと初期溶離液を選択することが重要です．

そうして設定した条件における，もう一つの負荷量決定要因は分取時の流速です．すなわち動的結合容量です．流速がゼロ近くでは，静的結合容量になりますが，流速を増すに従い，静的結合容量は減少していきます．これを支配するのは，充塡剤の物性(粒子径，細孔径)，溶離条件(溶離液，粘度，温度)，目的成分の分子量や親和力などの因子です．動的結合量の測定方法は，初期化したカラムに初期溶離液に溶解した一定濃度の試料を一定流速で流し，対象成分の溶出が開始するまでの容量からゲル間容量，ゲル内容量の和を差し引いた量となります(先端分析法)．

以上のように，標準試料を用いて最適条件を推定しますが，実試料中の対象物質や不純物の標準試料をもっているケースは少ないと思います．したがって，分析カラムで分離条件を決定した後，実試料を用いて，試料濃度を変化させ，カラム断面積に対する注入量の関係を求め，所望の純度に精製できる最大濃度とカラムサイズを決定することが実用的です．

Q: グラジエント溶出の場合，試料と無関係のピークが多数出る理由と，解決法を教えてください．

A: グラジエント溶出の場合，最初に使用する溶離液中に含まれる不純物が，次に用いる溶出力の強い溶離液で溶出するために起こることが多いようです．

したがって最初に使用する溶離液中の不純物を除くことが肝要です．これには最初に使用する溶離液を，この系で用いる有機溶媒で十分に洗ったODSのカラムを通して，不純物を除くとよいでしょう．

Q: 溶離液濃度を上昇させるグラジエント溶出でベースラインが下がる場合があります．原因について教えてください．

A: 一般的に多い逆相クロマトグラフィーでは，グラジエント溶出で溶媒濃度が高くなると，UV吸収の強い溶媒濃度が増すに従ってベースラインが上がることが多いようです．最初の溶離液にUV吸収の強い緩衝液(酢酸，ギ酸，トリフルオロ酢酸など)を使用した場合は，加えていく溶媒(アセトニトリルなど)の吸収の方が低くなることが多く，この場合は溶媒濃度が増すに従って，ベースラインが下がることがあります．また例えばトリフルオロ酢酸の場合，有機溶媒量が増えると，解離平衡は左側へシフトしUVスペクトルは低波長側の吸収が低くなります．その結果として溶離液のUV吸収が低くなりベースラインが低くなる場合があります．この現象は酢酸，ギ酸などでも起きます．

$$F_3C\text{-}COOH \rightleftharpoons F_3C\text{-}COO^- + H^+$$

2章　固定相と分離モード
──充塡剤，カラム──

Question 18

液体クロマトグラフィー充塡剤に用いられる**基材の特徴と選択法**について教えてください．

Answer

液体クロマトグラフィー用充塡剤として使用されている基材は，樹脂系充塡剤と無機系充塡剤に大別されます．それぞれの基材に長所・短所があり，試料の性質や分離目的にあった充塡剤を選択することで，最も適した分離条件で目的を達成することができます．

樹脂系充塡剤としては，スチレン-ジビニルベンゼン共重合体，ポリメタ（ア）クリレート，ポリヒドロキシメタ（ア）クリレート，ポリビニルアルコールなどの合成ポリマー（高分子）ゲルや，セルロース，アガロース，デキストラン，キトサンなどの天然高分子ゲルがあります．特に合成ポリマーゲルは，合成条件を変更することにより充塡剤の硬さや粒子に存在する細孔径や細孔容量を制御することができることから幅広い用途に用いられています．

一方，無機系充塡剤ではシリカゲルを基材とした充塡剤が最も広く利用されており，その他アルミナ，ジルコニア，チタニア，グラファイトカーボン，ヒドロキシアパタイト，多孔質ガラスなどがあります．

表1にポリマーゲルと代表的な無機系充塡剤であるシリカゲルの特徴を対比させ，まとめました．ポリマーゲルは幅広いpH範囲（2〜13）で使用でき，大孔径充塡剤が得られやすく，生体高分子物質に対する活性が低いなどの点がシリカゲル充塡剤より優れています．しかし，機械的強度が弱く，溶媒の種類によって体積変化があるため使用範囲に制限があります．シリカゲル充塡剤は機械的強度に優れており粒子を微小化することが可能であるため高い分離能を示す，有機溶媒による膨潤の程度が小さいため，広範囲にわたる溶液が溶離液として使用できるといった点がポリマーゲルより優れています．しかしシリカゲルは塩基性の水溶液に溶解するため，pHは8以下で使うことが望ましいといった制限があります．

実際の分析では，充塡剤の基材の特徴を考慮し，基材によって使用される頻度が高い分離モード，分析対象成分があります．

樹脂系充塡剤では，スチレン系充塡剤が合成ポリマーの分子量測定に用いられるのをはじめ，親水性合成高分子や天然高分子充塡剤がタンパク質，核酸，酵素などの生体高分子や水溶

表1 ポリマーゲルとシリカゲルの特徴の比較

	シリカゲル	ポリマーゲル
分離能	○	△
機械的強度	○	△（膨潤収縮大）
溶媒安定性	○	△
pH範囲	△（pH 8以下が望ましい）	○（pH 2〜13）

○：よい，制限が少ない　△：制限あり

性合成高分子などの分析用担体として用いられています．また基材表面に様々な官能基を導入することにより，各種分離モードの充填剤を調製でき，低分子から高分子まで，生体試料，合成高分子など幅広い試料の分析に使用されます．

　一方，無機系充填剤では，シリカゲルが最も多く用いられています．ポリマーゲル同様基材表面に様々な官能基を導入した各種分離モードの充填剤が調製されています．特に長鎖アルキル鎖を導入した逆相充填剤は，幅広い分野の試料の分析に適しており広く利用されています．またシリカゲルはサイズ排除クロマトグラフィー用担体として，比較的分子量の小さいタンパク質，ペプチド，核酸などの分離に用いられます．

　その他，吸着モードではシリカゲルを始めアルミナやジルコニア，チタニアが，多孔質ガラスは比較的細孔径が大きく抗体担持用として，ヒドロキシアパタイトはタンパク質，酵素，核酸の分離に，グラファイトカーボンは選択性の異なる基材として使用されます．

Question

19 全多孔性充塡剤の場合に，**溶離液は細孔内も流れている**のでしょうか．その場合細孔内は t_0 を求めるさいにはデッドスペースとして考えるのでしょうか．

Answer

　一般に細孔をもつ充塡剤の細孔内では溶離液は流れていないと考えられますが，溶質は細孔内に拡散によって分散しますので，t_0 を求める場合は細孔もデッドスペースと考えて差し支えありません．つまり，カラム内に存在する溶離液の量がデッドスペースであり，t_0 であります．

　充塡剤の細孔内に溶離液を流すためには非常に高い圧力が必要になります．粒子径5μmで細孔径10nmの充塡剤について考えてみます．5μmの粒子間の隙間は約1μmとなり，カラム内にはIN側からOUT側へ直径1μmの穴が開いていると考えられます．さらに充塡剤には細孔があり10nmの貫通孔が存在します．充塡剤間隙孔と充塡剤内の10nm細孔を1本ずつのチューブと仮定し，それぞれの孔の存在比率を $1:(1\mu m/10nm)^2 = 1:10^4$ と仮定します．チューブ内を流れる流速（F）はHagen-Poiseuilleの式から次のように表現されます．

$$F = (\pi \Delta P r^4)/(8L\eta)$$

F：流速，ΔP：背圧，r：チューブ内径，L：チューブ長さ，η：溶離液の粘度

この式はある一定の流速で溶離液をチューブ内に通液する場合，チューブ内径の4乗に背圧は反比例することを示しています．つまり，同一量の溶離液を通液するためには内径1μmのチューブに対し，内径10nmのチューブでは $(1\mu m/10nm)^4 = 10^8$ 倍の背圧が必要であり，実際のカラム内の比較としてそれぞれの径のチューブの存在比率を考慮に入れても，10^4 倍の背圧が必要になります．いい換えれば，粒子径5μm細孔径10nmの充塡剤を充塡したカラムの場合，細孔にはカラム内に流れる溶離液の1/10000の量が流れていることになります．保持が10の溶質の動く速さ（溶離液の1/10の速さ）に比べ，細孔内ではその1/1000の速さでしか流れないことは，事実上流れていないといえます．以上のことから，細孔が充塡剤粒子径に対し非常に大きい場合，粒子径5μmで300nmの細孔をもつ充塡剤であれば，細孔内に溶離液が流れるといえます．しかしながら，300nmの孔は細孔とよぶには大きすぎるかもしれません．

Question

20 逆相系，例えば **ODS では分離の場はアルキル鎖全体** ですか．**何故 ODS が多用される**のですか．

Answer

　逆相系 ODS の分離の場は，アルキル鎖全体で成立しています．したがって，基本的にアルキル鎖長が長いほど炭素含有量が大きくなるため保持が大きくなり，分離能力を高めることができます．

　直鎖の逆相系充填剤には C18，C8，C4，C1 があげられます．最近ではこれに C30 などの長鎖の充填剤をつめたカラムも市販されています．

　官能基の立体障害やシリカゲル担体の細孔の存在により，アルキル鎖長が長くなるにつれて修飾密度は小さくなるため，炭素含有量をある程度以上は大きくすることができなくなります．ODS すなわち C18 基程度の長さは，炭素含有量を最大にできる適当な長さのアルキル基といえます．

　また，耐酸性についても ODS は，優れています．逆相系充填剤は，強い酸に曝されるとアルキル基の付け根の Si-C 結合が切断されるといわれていますが，アルキル鎖長が長いほど耐酸性が良好になります．

　C8，C4，C1 のような短いアルキル鎖長の充填剤は，ODS よりも表面極性が高くなり分離のパターンがそれぞれ少し異なるため，ODS で分離できないときに使用されます．ただし，30 nm 以上の細孔をもつ担体でタンパク質を分析する場合には，分離と回収率の点から C4 を中心とする短めのアルキル鎖の充填剤が選択されることもあります．

Question

21 微小径の**無孔性充填剤の長所，短所**を教えてください．

Answer

(生体)高分子分析用充填剤の場合

① 長　所：微小径の無孔性充填剤では，全多孔性充填剤よりも短い分離時間で高分離能が得られます．特に，分子サイズが大きく，拡散速度が遅いタンパク質や長鎖核酸の分離において顕著です．

試料がカラム内を通ると，徐々に試料のバンドは広がりますが，その主な要因として，全多孔性充填剤では細孔内外での試料の濃度平衡が成り立たないこと，充填剤の粒子と粒子の隙間で移動相の流れが乱れること，があげられます．微小径の無孔性充填剤では，一般的な多孔性充填剤よりもこれらの因子を抑えることができます．一般に，全多孔性充填剤では，移動相は細孔内には流れ込まず，細孔内部の移動相は停滞しています．試料分子は拡散によって細孔に入ったり出たりしますが，細孔内外での平衡に時間がかかります．一方，細孔の外の試料分子は移動相の流れによってつねに移動しているため，細孔内外の試料分子は平衡に達することなく，非平衡の状態です．すなわち，ある分子は細孔の奥深くまで侵入して細孔内に長く滞在し，他の分子は細孔に侵入することなく移動相とともに移動するなど，カラム内での移動速度に差が生じるため，試料バンドが広くなります．また，この現象は拡散速度が遅い高分子量の試料で特に顕著になります．さらに，この非平衡の状態は移動相の流速の影響を受けるため，流速が高いと試料バンドはより広がります．これに対して無孔性充填剤では，分離に寄与する細孔がなく充填剤外表面のみを分離に利用するため，細孔内への試料分子の拡散がありません．また，粒子径を小さくすることによって，粒子間の隙間が狭く，移動相の乱れが抑えられています．したがって，微小径の無孔性充填剤では，全多孔性充填剤よりも試料バンドの広がりを抑えることができるため，拡散速度が遅いタンパク質や長鎖核酸に対しても高分離能が得られます．さらに，細孔に起因する非平衡がないために流速の影響が小さく，高流速で分離した場合でも分離能の低下が抑えられます．

また，無孔性充填剤は，全多孔性充填剤に比べて有効表面積が小さく，試料分子の充填剤への非特異的吸着が少ないため，微量(数十 ng)の試料でも高い回収率で溶出することができます．したがって，微量試料の分析や分取に有利となります．一方，表面積が小さいため，分離に有効なリガンドの量も必然的に少なく，試料負荷量を多くすると分離能が低下します．すなわち，大量分取には適していません(最大で数十 μg まで)．また，試料分子に対する保持力も小さいことがあります．

② 短　所：無孔性充填剤だけではなく微小径の充填剤共通の短所としては，操作圧が高いた

め(10 MPa前後)，高圧に耐えうる装置が必要なことがあげられます．また，微小径の充塡剤では粒子間の隙間が狭く，不溶物による目詰まりが起こりやすいため，試料溶液と溶離液の沪過が必要となります．

低分子分析用充塡剤の場合

低分子分析用微小径無孔性充塡剤には，逆相分配モード用化学結合型シリカゲルがあります．

① 長　所：充塡剤粒子の径方向の拡散距離が無視できるほどに短いため，粒子内外間の溶質濃度平衡化時間が短く，結果的に高流速でもカラム長さ当りの理論段数が高くなる効果があります．また，多孔質粒子でないため，機械的に強靱で圧力に対する耐久性が高く，より微細な粒子を採用できます．しかも高流速で使用が可能であり，微細粒子を使うため粒子間でのバンドの広がりも少なくできます．

通常の多孔性基材の充塡剤に比べ，充塡剤重量当りの固定相が少ないため，保持力が弱く溶離液中の有機溶媒濃度を低くしても試料を溶出することが容易です．したがって，有機溶媒使用量を削減することもできます．

② 短　所：固定相が少ないために通常の逆相カラムに比べ保持力は弱くなります．また試料の溶出量がかなり少ないため，HPLCシステム(インジェクションバルブから検出セルまで)のデッドボリュームの影響を受けピーク幅が広がりやすくなります．すなわちデッドボリュームを極力少なくしないとピーク幅が広がり，本来の性能を発揮できません．さらに固定相が少ないためにサンプル負荷量も少なく，サンプル濃度，注入量をともに少なくしないとオーバーロードとなり，ピーク幅が広がります．

一般に1.5〜2.5 μm直径の充塡剤が採用されているため，溶離液やサンプル中の目にみえないごみがフィルターおよび充塡剤ベッドにつまりやすく，カラム寿命が短くなりやすくなります．特に溶離液は，0.2 μm位のミクロフィルターをラインフィルターとしてHPLCシステムに組み込み，ごみの侵入を防ぎ，実試料は遠心沈降をかけるか，ミクロフィルターを通し，カラム劣化を防ぐ必要があります．

Question

22 逆相系でC18とC8が多く使われる理由は，何ですか．また，その使い分けについても教えてください．

Answer

　市場のニーズは，ほとんどC18とC8であるといっても過言ではないでしょう．一つの理由は，そのつくりやすさにあると思います．

　初期のLC充填剤は固定相液体を塗布し，液-液分配によって分離を行うコーティングタイプ(化学結合されていない)の充填剤でした．これには液相が溶出しない移動相を用いるしかありません．その後，耐圧性の高い多孔性シリカゲルが開発されました．最初は，多孔性シリカゲルの表面シラノールとアルコール基とのエステル結合タイプ(Si-O-R)の充填剤が製品化されました．しかし，水に対する化学的安定性に乏しかったため，現在主流であるシリル化剤を用いたシロキサン結合タイプ(Si-O-Si-R)の充填剤に移行しました．

　官能基を結合するためのシリル化剤の種類は多数ありますが，市場が少ないためか，炭素が奇数個のアルキル鎖タイプのものはわずかしか生産されておりません．また長いアルキル鎖が導入された充填剤は，結合基の固体化が起こるために理論段数が得にくく，合成上においてもシリカゲル表面に均一に結合させることは，立体障害のために困難でした．最近では，ニーズの多様化に伴わないC1，C4，C30などの耐久性のよい高性能アルキル鎖結合型シリカゲルも市販されるようになりました．

　C8，C18の充填剤が主流を占めるようになった二つめの理由は，その保持力にあると考えら

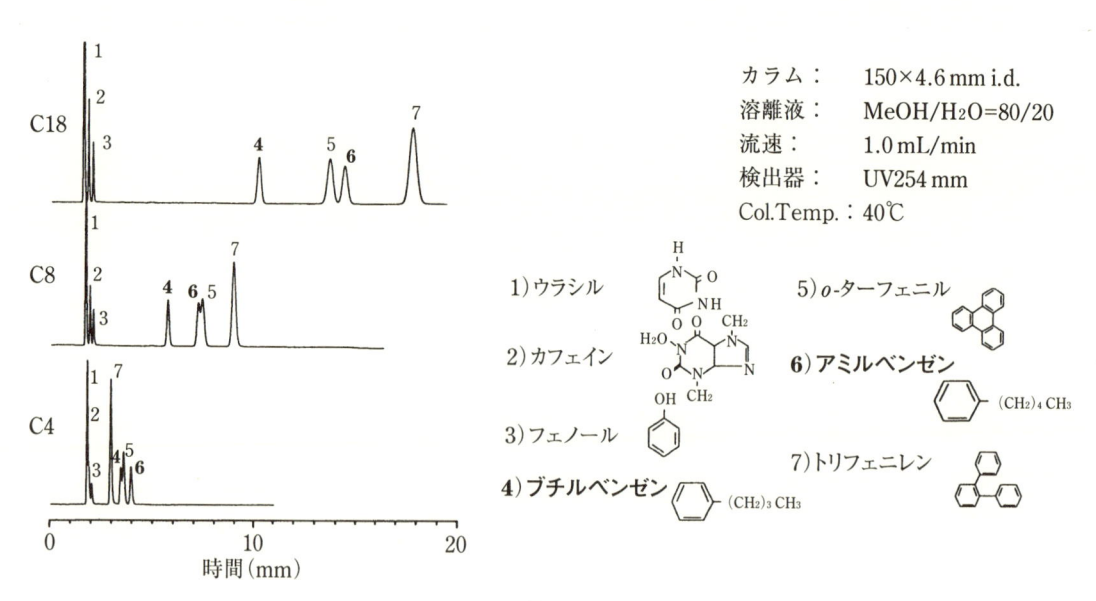

カラム： 150×4.6 mm i.d.
溶離液： MeOH/H$_2$O=80/20
流速： 1.0 mL/min
検出器： UV254 mm
Col.Temp.： 40℃

1) ウラシル
2) カフェイン
3) フェノール
4) ブチルベンゼン
5) o-ターフェニル
6) アミルベンゼン
7) トリフェニレン

図1

れます．有機溶媒と緩衝液の混合された移動相で2〜10程度の保持係数 k を得ることが分析成功の必要条件と考えます．HPLCの分析対象となる多くの化学物質がこの範囲にあったことが，C8やC18の普及した最大の理由と考えられます．また各カラムメーカーがC18カラムを主製品として位置づけ，互いに切磋琢磨しながら開発に取り組んだ結果，カラム性能が著しく向上したこともあげられるでしょう．

化学物質の特性を示す重要なパラメーターに分配係数 P_{ow}（オクタノールと水の二相間における平衡濃度比）があります．この値の測定にC8やC18カラムを用いるHPLC法がOECDで認められています[1]．C8，C18カラムの汎用性を示す一つの例といえるでしょう．

C8カラムが次に多く用いられるようになったのは，C18カラムと分離挙動が近いことが考えられます．

結合基の疎水性が増せば，逆相分配において，保持係数は大きくなります．すべての成分にあてはまるわけではありませんが，ほとんどの場合で図1のように，アルキル鎖に応じた溶出時間になります．

目的成分の疎水性がC8カラムとC18カラムの使い分けの目安になります．疎水性が高くC18カラムでは溶出し難い成分の分析にC8カラムを選択します．移動相の有機溶媒濃度あるいは溶媒種の調整によって，C18でも溶出できる場合もありますが，図2のような脂溶性成分の分析では，20分以内に溶出しない成分があることから，より溶出力の高い移動相にしなければなりません．前処理などの過程で疎水性の高い成分が混入する可能性のある場合には，C8カラムを用いてグラジエント分析することをおすすめします．その結果を確認してから，溶出の早い成分の分離改善が必要な場合に，C18カラムなどを選択するのがよいでしょう．最適な分離条件にすぐにたどりつければいいのですが，分析の第1段階で重要なことは，試料のマトリックスから目的の成分を分離して，確認できるようにすることです．その後，分離の最適化を進めるわけですが，上述しましたようにC8カラムとC18カラムは分離挙動が似ています．C8とC18の交換は，選択性の改善には大きな効果が期待できません．適度な保持係数 k が得られているのに分離が悪い場合は，シアノ基結合カラムやフェニル基結合カラムを使うことも選択肢の一つです．

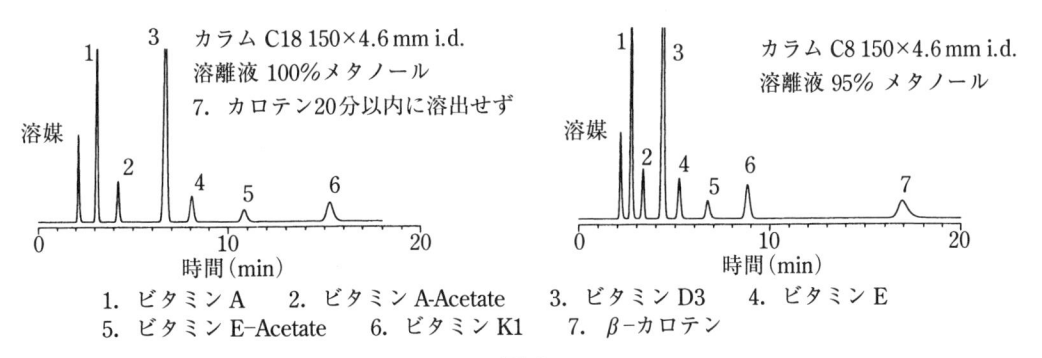

カラム C18 150×4.6 mm i.d.
溶離液 100％メタノール
7. カロテン20分以内に溶出せず

カラム C8 150×4.6 mm i.d.
溶離液 95％メタノール

1. ビタミンA　2. ビタミンA-Acetate　3. ビタミンD3　4. ビタミンE
5. ビタミンE-Acetate　6. ビタミンK1　7. β-カロテン

図2

---

[1] （財）化学物質評価研究機構編，"OECD化学品テストガイドライン"，Vol.1，No.117，第一法規(1990)．

Question 23

逆相クロマトグラフィー用カラムで，ODSのゲルへの結合量を示す炭素量があります．この炭素量が異なると**ゲルの性質や試料の分離がどのように変わる**でしょうか．

Answer

ゲルの性質や試料の分離については，炭素量とともにアルキル基の結合密度やシリカ基材の比表面積，細孔容積，細孔径などが大きくかかわります．炭素量は以下のように表すことができます．

炭素量＝アルキル基の結合密度×シリカ基材の比表面積

つまり，シリカ基材の比表面積がほぼ同じODSについて比較する場合はアルキル基の結合密度と炭素量は同一のパラメーターとして扱うことができます．細孔径が10nmから15nmの低分子分離用ODSでは，比表面積が300〜400 m^2/gのいわゆるゾル-ゲル法により製造されたシリカ基材と，150〜200 m^2/gのゾル-ゲル法により製造されたシリカ基材に大別されます．ほとんどのODSは前者になり，後者の代表例としてZorbaxやHypersilがあげられます．

充填剤の平均細孔径が10nm以上で移動相中の有機溶媒濃度が50％以上の場合は，アルキル基の結合密度が高いほど保持は大きくなる傾向を示します．モノメリック（単層状結合）系ODSでは約3.0 μmol/m^{2}が最大結合密度となり，ポリメリック（多層状結合）ODSでは4.5〜5.0 μmol/m^{2}まで結合密度を上げることができます．カラム内で固定相と移動相が接触し相互作用する場（表面積）が広いほど保持は大きくなります．したがってシリカ基材の細孔容積が小さい場合にはカラムに充填される充填剤量が増えることにより，また比表面積の大きな充填剤はその大きな表面積のために，保持は大きくなります．ポリメリック系ODSのようにアルキル基の結合密度が4.0 μmol/m^{2}以上の場合は固定相の疎水性が非常に高くなります．このようなODSは，移動相中の有機溶媒量が50％以下になった場合，特に30％を下回るような場合には，移動相に対し固定相の疎水性が高すぎるため，ピークがブロードになったり，保持が減少する傾向があります．また，モノメリックODSのように3.0 μmol/m^{2}以下の結合密度の固定相を用い，移動相中の有機溶媒量が50％以下の場合には有機溶媒量が50％以上の場合と大きく異なる挙動を示し，結合密度（炭素量）の差による保持の差が小さくなります．いい換えれば，50％以上の場合に保持の差が2倍ある二つのODSでも50％以下では1.3倍前後の保持の差に減少します．これは50％以下の有機溶媒量の移動相を用いて分離するようなある程度極性の高い化合物は，シリカ基材のもつ極性（水素結合性）の影響を受け始め，結合密度の低いODSはどこの影響が強いためであると考えられます．

細孔径が10nm以下の場合には結合密度が高いほど保持が大きくなることはなく，ある結合密度で保持は極大値を示します．これはオクタデシル基（ODS）の長さが約2.5nmであり，8nm以下の細孔に最高に結合した場合は，細孔の径に対して結合相の厚みの割合が大きくなる

ため，細孔の大部分が結合相で失われてしまい，結果的に固定相と移動相の相互作用するの分離の場が狭くなるためであると考えられます．市販されている比表面積が450 m²/g で細孔径 8 nm の ODS は結合密度が調整されており，保持が最も大きくなるように炭素量を 15% 前後に設定されている場合が多く見受けられます．

　以上述べてきましたように炭素量だけを分離に対するパラメーターとして考えるには，その他の要因が同一であると仮定した場合であります．実際の ODS は比表面積や結合密度などは様々であり，炭素量だけでの比較は難しくなります．分離に対する目安としましては以下に示すように結合密度を主に考えた方が理解しやすいと思います．

　ODS の結合密度が高い場合
　　疎水性が高い：非極性化合物の保持が相対的に大きくなる．
　　水素結合性が低い：高極性化合物の保持が相対的に小さくなる．
　　立体選択性が高い：異性体の分離がよくなる．
　ODS の結合密度が低い場合は高い場合の逆になります．

Question

24 逆相HPLCでよく論議されているエンドキャッピングについて教えてください．

Answer

　シリカゲルを基材とした化学修飾型液体クロマトグラフィー(RP-HPLC)用充填剤(特に逆相クロマトグラフィー用ODS/C18系充填剤)は，分離特性を向上させるため1990年ころより高純度シリカゲルを原料として採用したことで飛躍的な進歩を遂げ現在に至っております．

　シリカゲルを基材とした化学修飾型充填剤を使用するときに考慮すべきことは立体障害などでシリカゲル表面のシラノール基すべてがオクタデシルシランと結合できているわけではなく，反応に関与しなかったシラノール基がどうしても残存していることです．溶離においてこれらの残存シラノールが原因となる充填剤と試料間の二次相互作用を無視することはできません．残存シラノールが充填剤に存在することは二次相互作用が生じるだけでなく，これによるクロマトグラムの再現性の不良も生じます．一般的には塩基性物質のテーリングあるいはカラムへの不可逆的吸着などの不都合が起こります．

　ODS/C18シリカゲル充填剤を合成する場合，これらシラノールの二次相互作用を回避するために二次シリル化を行います．これをエンドキャッピングと称します．具体的には，最も分子サイズの小さいシリル化剤であるトリメチルシラン(TMS)を残存シラノールと化学的な処理をすることにより充填剤と溶質の二次相互作用をなくす二次シリル化のことです．

シラノールが原因となる二次相互作用のメカニズム

　シリカゲル表面に存在するシラノールは，大きく①イオン交換性シラノール(孤立シラノール)，②水素結合性シラノール(ジオール型シラノール，ビシナール型シラノール)に分類されております．

　① イオン交換性シラノール：イオン交換性シラノールの相互作用は塩基性物質がピークテーリングする現象でよく経験することです．これはイオン交換性シラノールが解離することにより生じる現象です．すなわち溶離液のpHが高くなるとシラノールがイオン化することで酸性を示すことになります．このため塩基性の試料が接近してくるとあたかもイオン結合を起こしたかのような相互作用を生じてしまい，ピークがテーリングしたり場合によっては溶出順序が逆転してしまう現象が見られます．

　図1にエンドキャッピングをしていないODS充填剤(a)とエンドキャッピングされたODS充填剤(b)の田中試験1)(pH7.6の溶離条件におけるベンジルアミンの溶出状況のテスト)の結果を示していますが，エンドキャッピングをしていない場合，ベンジルアミンは，フェノールの後に溶出しています．一方エンドキャッピングされたODS充填剤の場合ベンジルアミンは，テーリングすることなくフェノールの前に溶出していることがわかります．

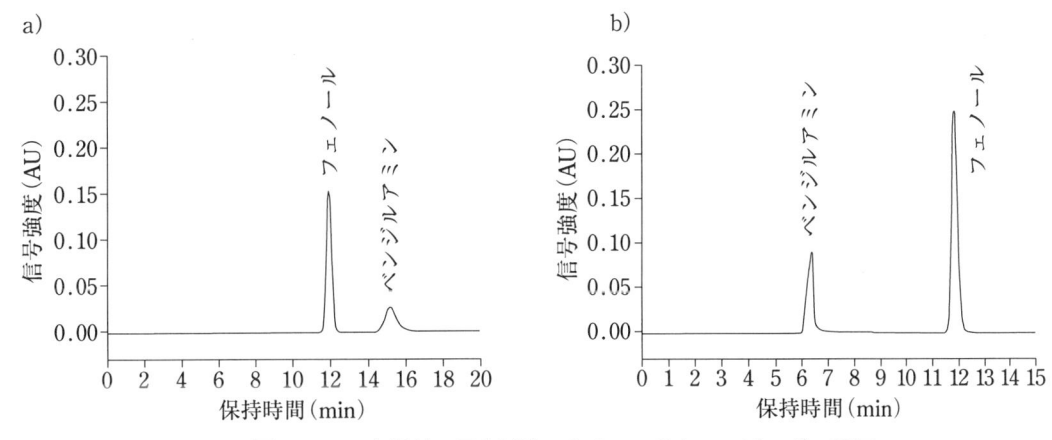

図1 ODS充填剤の田中試験によるエンドキャッピングの評価

このように塩基性物質は，エンドキャッピングを実施することで良好な溶出パターンが得られます．

② 水素結合性シラノール：ジオール型シラノールとビシナール型シラノールは水素結合性のシラノールであることが知られておりますが，これらシラノールが関与する相互作用の最も代表的な例として田中試験で実施されているカフェインとの相互作用がよく知られております．

しかしながら，これら水素結合性シラノールは高純度シリカゲルベースのODS充填剤においては，エンドキャッピングを行うことで除去できるシラノールでもあります．

エンドキャッピングの方法

ODSシリカゲル充填剤をエンドキャッピングすることは上述のように，二次相互作用を回避するとともに溶離の再現性をも確保してくれます．

これまで開発されてきたエンドキャッピングの代表的な方法として，①トルエン還流法[2,3]，②気相法[4]，③高温高圧法[5]，④高温液相法[6]，⑤超臨界法[7]があります．

これらのエンドキャッピングの中で①のトルエン還流法は，最も古くから実施されている合成方法です．

このトルエン還流法におけるエンドキャッピングの合成方法[2]を簡単に説明します．

フラスコ中の乾燥トルエンにODSシリカゲルを分散させた後，トリメチルクロロシラン（TMCS）単独もしくはヘキサメチルジシラザン（HMDS）との混合液を加え撹拌する（シラン化剤はシリカゲルに対して$8.5\ \mu mol/m^2$添加する）．最後にピリジンを添加しトルエンが還流する温度まで撹拌しながら過熱する．還流温度で4～5時間反応させる．反応終了後，充填剤を洗浄し乾燥することでエンドキャッピングは終了します．

しかしながら本方法は，ODS充填剤表面の残存シラノール基を効率的に不活性化することが困難であるため②～④に示す特殊な反応条件を使用するエンドキャッピングが開発されております．詳細はそれぞれの文献を参照してください．

現在市販されているODS充塡剤を充塡したカラムは，多かれ少なかれ不活性化処理(エンドキャッピング)が施されています．したがって，残存シラノールが原因となる相互作用を無視してもよい製品が供給されていますが，エンドキャッピングの方法はメーカーにより異なるため具体的なカラム特性はメーカーに問い合わせ，分析試料とカラムの相性をあらかじめ確かめておく必要があります．

1) K.Kimata, et al., *J.Chromatogr. Sci.*, **27**, 721(1989).
2) K.Jinno, et al., *Chromatographia*, **27**, 285(1989).
3) N.Tanaka, et al., *J. Chromatogr.*, **332**, 57(1985).
4) 特開平 4-2212058
5) 酒井 他, *Chromatography*, **17**, 39(1996).
6) 酒井 他, 第2回LCテクノプラザ講演要旨集, BP2 51(1997).
7) 鎗田 他, 第6回LCテクノプラザ講演要旨集, BP2 36(1999).

Question

25 逆相系で，シリカゲル担体のODSとポリマー系充填剤とを比べると，**シリカゲル担体の充填剤の方が分離機能が高い**のは何故ですか．

Answer

　ポリマー系充填剤は，シリカゲル系担体のODSと比べると一般に下記の点に問題があり，ピークがブロードになるために分離機能が劣ります．

　① ポリマーの分子構造中に直径1nm以下の不均一な微細孔が存在します．これにより，低分子の溶質（例えばベンゼン）は比較的シャープなピーク形状を示しますが，ナフタレンやアントラセンなどの大きさの分子は，不均一な微細孔内まで拡散しなかったり，逆にはまり込んだりするため，理論段数が大きく低下します．

　② ポリマー系担体では，移動相の組成により膨潤や収縮が起きることがあり，充填層に緩みが生じます．

　③ ポリマー系充填剤は機械的強度（剛性）が劣るため，注入時のバルブ切り替えによる圧力変化でボイドが生じることがあります．

　しかし，最近のポリマー系充填剤の中には，架橋を厳密にコントロールすることにより，微細孔，膨潤・収縮，機械的強度などの問題が解決されたものもあり，一概にシリカゲル系充填剤の方が分離機能は高いとはいえないこともあります．

Question

26 カラムの溶媒置換や，洗浄，保管法について教えてください．

Answer

カラムの溶媒置換

HPLC でカラムを使用する場合，カラム使用前，使用中，使用後でカラム内の溶媒を変更するのが一般的で，そのつど溶媒を置換する必要があります．

溶媒置換を行うさいの注意点を次に示します．

① まずカラムを満たしている溶媒の種類を確認してください．混和しない溶媒への置換は必ず双方と混和する溶媒を介して行います．

② 初めてカラムを装置に接続する場合や，他の装置に接続し直す場合には，装置を十分溶離液で置換してから接続します．前に使用していた溶離液の混入によりカラムが劣化する場合があります．インジェクターのサンプルループ内，ダンパー，ミキサーなど特に注意が必要です．

③ 緩衝液を使用していて有機溶媒に置換する場合には，一度水を流して塩を完全に取り除いてから有機溶媒に置換します．

④ 溶出力の強い溶媒から弱い溶媒に置換する場合には，一度さらに強い溶媒で洗浄を行ってから変えると，カラムの汚れに起因するベースラインのうねりなどを除去することができます．SEC 以外で，強く保持された成分が数時間以上もたってから非常にブロードなピーク（ベースラインのうねり）として溶出されることがあります．

次にどれだけの溶媒を流せばよいかについては，そのカラムの空隙容積 V_0 をもとに考える必要があります．一般に V_0 はカラム内容積の約 70% ですので，例えば内径 4.6 mm，長さ 25 cm のカラムの場合，$V_0=2.9$ mL となります．したがって，約 3 mL の溶媒を流せば溶媒は置換することになります．しかし実際は移動相溶媒も固定相に保持されて（固定相と溶媒和をつくって）いますので，移動相溶媒の組成や種類を変えた場合には，移動相溶媒と固定相が平衡に達するのに時間がかかります．この平衡時間は，カラムの種類，溶出力の強い溶媒から弱い溶媒に変えるかその逆かによっても変わります．一般的には V_0 の 5〜10 倍量を目安に移動相溶媒を通液してください．溶媒通液時にはカラム圧力が上がりすぎないよう注意が必要です．

カラムの洗浄，保管

カラムメーカーが推奨する洗浄溶媒で V_0 10 倍程度，内径 4.6 mm，長さ 25 cm のカラムであれば 1 mL/min で 30 分位洗浄してから推奨溶媒に置換し，密栓して保管するのが原則ですが，それらは以下の方法が基本となっております．

まず洗浄ですが，使用している条件よりも溶出力の強い溶媒を調製（有機溶媒濃度を変える，pH を変えるなど）し洗浄します．

例をあげて洗浄の手順を説明します．
① 逆相系シリカゲルカラム
　1）使用条件から塩を除いた溶媒で洗浄．
　2）有機溶媒の濃度を上げた溶媒あるいは溶出力の強い溶媒（例えばエタノールとジクロロメタンの混液）で洗浄．
　3）保存溶媒で洗浄後保管．
② 逆相系ポリマーゲルカラム
　①の洗浄法に加え，アルカリによる洗浄が可能です．ただしポリマー系の充填剤カラムは溶媒により膨潤や収縮を起こしますので，必ずメーカーの推奨する方法に従って保管してください．
③ イオン交換系シリカゲルカラム
　1）イオン的に吸着している成分を除去するため，塩濃度を上げるかまたはpHを変化させて洗浄．
　2）疎水的に吸着している成分を除去するため，有機溶媒を10%程度添加して洗浄．
　3）初期の溶媒に置換して保管．

次にカラムの保管について説明します．まずカラム保存溶媒ですが，一般には購入時カラムが満たされている溶媒が推奨されております．しかし充填剤が安定な溶媒，pHであればそれに限定されるものではありません．

カラム保管時の注意点を以下に示します．
① カラム内の溶媒が揮発しないようカラムは必ず密栓してください．
② 充填剤やステンレス管が侵される，ハロゲンを含む溶媒などを保存溶媒に使用しないでください．
③ 水系溶媒のまま保管しますと，カビが発生したりすることがあります．例えばODSなどのシリカゲル系カラムの場合，有機溶媒を30〜50%程度混ぜると効果的です．
④ メーカー推奨の温度で保管してください．温度が上昇するとカラム内の圧力が大きく上昇したり，充填剤の物性が変化したりすることがあります．また冬季などカラム内で溶媒が凍結しカラムが劣化する場合があります．

Question

27 試料中に共有する吸着物の影響でポリマー系カラムの分離能が低下しました．**カラムの洗浄**はどうしたらよいでしょうか．

Answer

　カラムの洗浄法は，そのカラムに使用されている充塡剤の種類，分離モード，そして，充塡剤に吸着してしまった成分の性質によって適切に選択し，実行する必要があります．基本的にはカラムの洗浄には，充塡剤に吸着した物質を溶出力の強い溶媒を用いてカラムから洗い流す作業となります．

　現在，ポリマー系カラムに使用されている樹脂は，ポリスチレンとジビニルベンゼンの共重合体のポリスチレンジビニルベンゼン系樹脂やポリビニルアルコール系樹脂，ポリヒドロキシメタアクリレート系樹脂などを中心に多くの種類のポリマーが利用されています．これらのポリマー系充塡剤に使用されている各ポリマーの性質は，親水性や疎水性の違い，また種々のイオン交換基を導入したものなど幅広く，逆相モード，イオン交換モード，イオン排除モード，SECモードなど種々の分離モードのカラムに使用され，吸着物の種類も多種多様な成分となります．

　このようなポリマー系充塡剤を洗浄するときに注意することがあります．それは，溶媒によるポリマー系充塡剤の膨潤，収縮です．膨潤，収縮が生じてしまうとカラム内の充塡状態が変化してしまい使用できなくなってしまうことがあります．同じ種類のポリマーでも，架橋度などの違いにより，その強度なども異なります．

　そのため，ポリマー系カラムは，分析に使用するときのみならず，洗浄に使用する溶媒の種類や送液流量・圧力などにも配慮する必要があります．

　このような事情から，あたり前のようですが，まずはじめに試みる洗浄方法は，カラムに添付されている取扱説明書に記載されている方法を実行してみることをおすすめします．基本的には，そのカラムにとって，溶出力の強い溶媒を洗浄溶媒として使用することになります．例えば，逆相モードでは，メタノールやアセトニトリル，THF（テトラヒドロフラン）などの有機溶媒の比率ができるだけ多い洗浄液，イオン交換モードの場合は，イオン交換的に吸着している成分には塩濃度が濃い緩衝液のような洗浄液や充塡剤の基材のポリマーに吸着している脂溶性の高い成分などは，有機溶媒が数％程度（有機溶媒を流してよいかどうか，その割合などについては，カラムによって異なりますので取扱説明書で必ず確認してください）含まれている洗浄液を用いて洗浄することになります．有機溶媒系のSECモード（GPC：ゲルパーミエーションクロマトグラフィー）のカラムは，一般的な考え方では，吸着は生じない系であるとともに溶媒をいろいろ変更することはしないため，洗浄を行うことはほとんどありません．しかし，水系のSECモード（GFC：ゲルフィルトレーションクロマトグラフィー）の場合は，多くの吸着

しやすい成分があるため，洗浄が必要となります．界面活性剤などを用いて洗浄する方法もありますが，基本的には，前記と同じように各カラムの取扱説明書に従った洗浄方法をまずは，試してみてください．

　どのカラムも充塡剤に不可逆的に吸着してしまう成分もあります．このような成分は，ガードカラムを用いて取り除き，分離能が低下する前にガードカラムを交換し，分離カラムに吸着させないようにすることによって，長もちさせることができるようになります．

Question

28
カラムの温度調節の必要性について教えてください．温度と分離の関係，使用温度の決定，類縁物質の分離をからめて教えてください．

Answer

　保持時間は温度によって変わります．一般的には温度が高いほど保持時間は短くなります．保持時間が変わればピーク高さも変わります．したがって，カラム温度を一定にしないと定性も定量も困難になります．カラム温度を上げると保持時間が短くなるだけでなく，溶離液の粘度が減少するため物質移動速度が増し，カラム効率が増すことによりピークが鋭くなります．したがって，分離をあまり損なわずに分析時間を短縮できる場合が多いようです．試料とカラムが熱に安定で，加温しても分離を損なわない場合は，加温をおすすめします．またカラム温度は検出器の温度にも影響します．カラム温度が変化すると検出器の温度も変化してベースラインが変動します．示差屈折計(RI検出器)，電気化学検出器，蛍光検出器は温度の影響が大きいことが知られていますが，UV検出器の場合も感度を上げると温度の影響を受けます．カラム温度は±0.1℃以内に調節したいものです．

　一般的にはポリスチレンやその誘導体のカラムは，温度を上げるとカラム効率が上昇する割合が大きく，また耐熱性もあるので30～70℃で使います．ODSのカラムは温度の影響は樹脂のカラムほど大きくなく，またポリスチレンほどの安定性はないので，40℃程度にとどめた方がよいでしょう．同族体で分離しないものは，温度を変えても分離する可能性は低いですが，化学的性質が異なるにもかかわらず分離しないものは温度を変えれば分離する可能性があります．温度を下げると分離するものとしては，クラウンエーテルのカラムによるD,L-アミノ酸の分離などがあります．クラウンエーテルのように分子の形状で分離するカラムは，形状の安定な低温がよいかもしれません．

　試料をカラムで分離するさい，試料の分離挙動(ピークのシャープ性，保持力，選択性)は，分析温度に影響されます．まず試料の拡散係数 D_m と温度の関係をみましょう．D_m と温度の関係は，Wike-Changの式によって次のように近似されます．

$$D_m = \frac{7.4 \times 10^{-8} (\psi_2 M_2)^{0.5} T}{T \eta V_1^{0.6}}$$

ここで，M_2：溶媒の分子量，V_1：試料分子の分子容，T：温度(K)，ψ_2：会合係数，η：溶媒の粘度

　この式より，温度 T を高くすると，試料の拡散係数 D_m は大きくなります．また粘度のより低い溶媒を用いることも D_m が大きくなりますが，温度を高くすることで粘度を低くすることができます．この D_m は，カラムの理論段高さ H との関係より，D_m が大きくなれば H は小

さく(すなわち分離度が向上する)なります．したがって，温度が高くなれば分離度が向上することになります．その他，分析温度を高くし移動相溶媒の粘度を低下させることで，カラム圧力を下げ，より分離に適切な流速を得られることも利点の一つです．以上のことより試料の温度依存性をなくすという観点から，温度調節すなわち一定温度での分析が望ましいということがわかると思います．

ではどの温度が分析に適しているかですが，低分子有機化合物を分離するさいは，上記温度特性を考慮して，室温＋10℃程度(40℃が一般的)がよいと思われます．しかし試料の安定性の面からいうと，比較的高温では，タンパク質や酵素などは失活する恐れがあり，室温あるいはより低温(〜4℃)で分離する必要があります．一方，単糖や二糖類などの分離において，アミド結合型充塡剤による順相クロマトグラフィーでは，糖類のアノマー転移による構造転換が識別され，二つのピークとして分離されてしまうので，この転移速度を高め単一ピークとして溶出するため，比較的高温で(60℃以上)分析されることがあります．このように試料の分離における温度調整は，試料自体の性質により適切な温度を選択する必要があります．

その他，カラム温度を変化させて分離度を向上させることができる場合があります．これは，試料の固定相および移動相への分配定数が温度の影響を受けるためです．温度変化により類縁物質の分配定数が変化するため，分離度(R_s値)の変化(向上)をもたらすことがあります．例えば，ODSカラムで抗精神薬としてカルバマゼピンとフェニトインを分離した場合，40℃ではカラムへの保持がほぼ同じで分離が難しい場合がありますが，より低温の25℃では試料の分配定数が変わり，試料の保持力に差が出るため分離できた例があります．

このような温度の分離に与える影響を考慮して分析温度を選択する必要があります．もちろん温度以外にも分離に影響を与える因子としては，充塡剤の固定相(官能基の種類と量など)，溶離液の種類(有機溶媒の種類・濃度，pHなど)などがありますので，総合的に判断する必要があります．

Question 29 アフィニティー充填剤の特徴と取扱い上の注意点について教えてください．

Answer

現在，多数のアフィニティークロマトグラフィー用充填剤が市販されています．これら充填剤の使用上注意すべき点を次の三つのケースに分類し説明します．

① 担体の活性化から実施する場合．
② 活性化済みの担体を使用しリガンドを固定化する場合．
③ リガンドが固定化された充填剤を使用する場合．

担体の活性化から実施する場合

(1) 担体の選択：アフィニティークロマトグラフィー用充填剤の担体として以下の性質を有するものが適しています．

① 不溶性：通常使用温度は室温以下が一般的ですが，滅菌操作が必要な場合もあり，高温でも水に不溶の担体．

② 多孔性：タンパク質などの巨大分子を取り扱う場合，それらが担体内部まで浸透できるような多孔性担体．

③ 親水性：水系での使用が一般的であるため親水性に富んだ担体．

④ 物理的・化学的安定性：活性化，リガンド固定化，精製操作などの全行程で物理的・化学的に安定な担体．さらにはウイルス，細菌およびエンドトキシンなどの不活化に使用される 0.1～1.0 mol/L NaOH に耐性がある担体（これはリガンドの化学的安定性にもよります）．

⑤ 官能基：各種活性化操作に利用可能な官能基（水酸基を利用して活性化する方法が多いが，アミノ基，カルボキシル基などを利用する方法もあります）を有する担体．

(2) 活性化方法：主な活性化法の特徴を一覧表にまとめました．これ以外にも種々の活性化法がありますが，詳細については成書を参照してください．

活性化方法	活性化試薬	試薬毒性	活性化時間(h)
臭化シアン活性化	臭化シアン	高い	3～24
エポキシ活性化	エピクロロヒドリン，ビスエポキシ化合物	中程度	4～24
アルデヒド活性化	グルタルアルデヒド，過ヨウ素酸ナトリウム	中程度	4～24
カルボニルジイミダゾール活性化	カルボニルジイミダゾール	中程度	0.2～0.4
塩化トシル，塩化トレシル活性化	塩化トシル，塩化トレシル	中程度	0.5～2
ジビニルスルホン活性化	ジビニルスルホン	高い	0.5～2

活性化担体は種類によっては加水分解を受けやすいものもあるため活性化後直ちにリガンドの固定化を実施してください．長期保存する場合は凍結乾燥などの操作が必要になる場合が一般的です．

活性化済みの担体を使用し，リガンドを固定化する場合

(1) リガンドの選択：アフィニティークロマトグラフィーに使用するリガンドの選択は，

以下の点に留意してください．

① 安定性：目的物質の溶出には種々の方法(酸性，アルカリ性，尿素や SDS などのタンパク質変性剤，有機溶媒の使用)がありますが，これらに耐性のあるものを選択してください．

② 官能基：担体に固定化するための適当な官能基(アミノ基，カルボキシル基，チオール基，水酸基，アルデヒド基)を有するものを選択してください．

③ 目的物との結合力：リガンドと目的物の解離定数は 10^{-3}〜10^{-5}M 付近が適しています．

(2) リガンドの固定化方法：活性化担体と反応可能な官能基の組み合わせを一覧表に記載します．

担体の種類	固定化時のpH	リガンド中の官能基	結合のタイプ	結合の安定性
臭化シアン活性化	6.5〜10	アミノ基	イソウレア誘導体，N-置換イミドカーボネート，N-置換カルバメート	pH<5，pH>10で不安定
エポキシ活性化	8.5〜12	アミノ基 水酸基 チオール基	アルキルアミン エーテル チオエーテル	高い
アルデヒド活性化	5〜9	アミノ基	アルキルアミン(還元剤使用)	高い
カルボニルジイミダゾール活性化	8〜9	アミノ基	N-置換カルバメート	pH>10で不安定
塩化トシル，塩化トレシル活性化	7〜10	アミノ基 チオール基	アルキルアミン アルキルメルカプタン	高い
ジビニルスルホン活性化	7〜12	アミノ基 水酸基	Michael 付加	アルカリ側で不安定
カルボキシル基 アミノ基	4〜6	アミノ基 カルボキシル基	ペプチド結合(縮合剤使用)	中程度

(3) リガンド固定化量と目的物質結合量の把握：リガンドを固定化するさい，可能であればリガンドの固定化量および目的物質の結合量を把握することをおすすめします．リガンドの固定化量を増減させたとき，目的物質の結合量がどう変化するのか確認することは重要です．例えば，タンパク質などの高分子物質を固定化する場合，立体障害により最適な固定化量が存在します．

(4) スペーサーの導入：低分子量物質をリガンドとして使用する場合，担体とリガンドとの間にスペーサーを導入することも考慮に入れる必要があります．例えば，タンパク質の特異的結合部位は分子表面から少しくぼんだところにある場合が多いため，低分子量のリガンドが担体に接近した状態で固定化されるとタンパク質と相互作用できないことがあります．

スペーサーとしてはジアルキルアミン類，ジカルボン酸類，アミノカルボン酸類，ビスエポキシ化合物などが利用されています．

リガンドが固定化された充填剤を使用する場合

メーカーより各種リガンドを固定化したいわゆるレディーメイドの充填剤が数多く市販されていますが，使用上の注意はメーカーの取扱説明書あるいは技術資料を参照してください．

Question 30

分離モード，カラムの特徴とその目的にあったHPLCの選択法について教えてください．

Answer

HPLCにおける代表的な各分離モードの特徴とそのモードで使用される典型的なカラムの特徴，そして，どのような分析対象成分や試料に適しているかについて，各モード別に簡単にポイントを説明いたします．

その前に，分離モードやカラムを選択するときには次の三つのポイントを考えてみてください．

① 分析対象成分の溶媒への溶解性が，ヘキサンやイソオクタンなどの有機溶媒系に溶解しやすい極性の低い成分なのか？それとも，アルコールや水や緩衝液に溶けるような極性の高い成分なのか？ということ．

② 次に，分子量が大きい(試料の性質で異なりますが，数千から数万の範囲で幅があります)のか小さいのか？そして，分布をもっているのかどうか？

③ 分析目的が，定量分析なのか？ 平均分子量の計算・分子量分布の測定なのか？精製・分取・試料の前処理なのか？

などです．これらの情報が分離モードやカラムを選択するときに重要なポイントとなることがあります．

分配クロマトグラフィー(逆相分配クロマトグラフィー，イオン対クロマトグラフィー，順相分配クロマトグラフィーを含む)

代表的な充填剤は，オクタデシル基結合型シリカゲル(ODS，C 18)などの化学結合型充填剤，ポーラスポリマーなどです．その特徴は，固定相と移動相間の疎水性相互作用による分配平衡に基づく分離が行われ，分析対象成分の保持は，移動相である溶離液と固定相である充填剤(または，充填剤に化学結合している官能基など)への分析対象成分の溶解度に支配されます．

多くの種類の充填剤と種々の溶離液の組合せにより低分子から高分子まで広範囲な対象物の分離に適しています．炭素鎖の長さが異なるような同族体の分離などに適しています．また，イオン性の物質についても疎水性のイオン対を形成する試薬を溶離液に添加することにより逆相クロマトグラフィーで分離することができます．一番多く利用されている方法です．

試料は，メタノール，アセトニトリル，THF(テトラヒドロフラン)などの有機溶媒や水または緩衝液など(混合溶媒の場合もあります)に溶解するものが適しており，これらの溶媒を溶離液として多く使用します．分子の大きさは，タンパク質などでは，数万の分子量のものでも分離できることもありますが，通常の高分子では，数千程度までが一般的です．

吸着クロマトグラフィー(順相クロマトグラフィー)

代表的な充填剤は，シリカゲル，アルミナ，チタニア，カーボンなどです．

無機酸化物固定相表面(シリカゲルの場合はシラノール基 Si-OH)による分析対象成分の吸着平衡に基づく分離が行われ，分析対象成分の極性基の違いや異性体(シス・トランス，オルト・メタ・パラ)などの分離に適しています．

充填剤によっても異なりますが，シリカゲルなどは，ヘキサン，イソオクタン，酢酸エチルなどにイソプロピルアルコール，エタノールなどの有機溶媒を混合して，溶離液として使用することが多く，これらの溶媒に溶解する試料の測定に適しています．

イオン交換クロマトグラフィー(イオンクロマトグラフィーを含む)

代表的な充填剤は，イオン交換基(陽イオン，陰イオン)を導入したポリマーまたは，化学結合させたシリカゲルなどです．固定相のイオン交換体とイオン性の分析対象成分のイオン交換反応による吸着の強さによって分離が行われ，イオン性物質の分離に適しています．分離分析以外に，イオン性成分溶液の脱塩などにも使用されることがあります．

通常，溶離液には緩衝液などが使用され，塩濃度や塩の種類，pH，充填剤への測定対象成分の吸着が関与している場合は，有機溶媒(メタノールやエタノール，アセトニトリル，THF など)の添加を行い分離を達成します．

サイズ排除クロマトグラフィー(GFC：分子ふるいクロマトグラフィー，GPC：ゲル浸透クロマトグラフィー)

代表的な充填剤は，ポリマーまたは，シリカゲルなどがあります．ポリマーなどの場合は，充填剤粒子中の細孔入り口の大きさまたは，3次構造のネットワーク(充填剤が有する網目の大きさ)を利用した分子ふるい効果に基づく分離が行われ，低分子から高分子まで，分子の大きさの差がある測定対象成分の分離に適しています．また，サイズ排除クロマトグラフィーは，目的として，高分子成分の分子量分布や平均分子量の計算などを行いたいときに使用したり，測定用試料とするための妨害成分除去のための前処理として利用することなどもあります．

基本的には，分子量分布や平均分子量の計算を目的とする高分子成分の測定では，分子量分布に適した排除限界分子量や校正曲線の傾き，これらに基づく複数のカラムの選択と接続が重要となります．測定対象成分が，合成高分子については，THF やクロロホルム，DMF(ジメチルホルムアミド)などの有機溶媒系カラムを選択し，タンパク質や多糖類などの生体高分子については，水系の分子ふるいクロマトグラフィーを選択します．この場合は，緩衝液に用いる塩の種類やpH，メタノール，エタノール，アセトニトリルなどの有機溶媒の添加(カラムによっては比率が決められているものがありますのでご注意ください)などによって，ゲルと測定対象成分の吸着が生じないように工夫する場合があります．また，目的成分の精製・分取に利用することもあります．

アフィニティークロマトグラフィー

アフィニティークロマトグラフィーは，生物由来の分子識別能による分離を利用した生理活

性物質の濃縮，分離，精製に主に使用されます．選択性がきわめて高い方法です．目的成分が充填剤に結合させた酵素，ペプチド，糖類など(リガンド)と結合しやすい緩衝液で平衡化したカラムに試料を導入し，目的成分を吸着させた後，イオン強度やpHを変化させたり，または，目的成分と競合する類似物質溶液を用いて目的成分を溶離させて濃縮・分離・精製する方法です．

表1に代表的な分離モードとカラムに使用されている充填剤と特徴，そして，分析対象成分の溶媒への溶解性やその分離目的別の表を示してあります．もちろんこれだけですべてを表すことはできませんが，選択法の参考にしていただければと思います．

表1 試料の性状に基づく分離モードとカラムの選択

試料の溶解性			分離モード	カラムの充填剤の特徴 (充填剤母材や固定相官能基，他)
試料	水溶性	イオン性	イオン交換	ポリマー系(ポリスチレンジビニルベンゼン，ポリビニルアルコール，ポリヒドロキシメタアクリレート他)，シリカ系
				陰イオン交換基(第4級アンモニウム基，ジエチルアミノエチル基，アミノ基他)
				陽イオン交換基(スルホ基，スルホプロピル基，カルボキシルメチル基他)
			イオン排除	有機酸用(ポリスチレンジビニルベンゼンにスルホ基導入)
			イオンペア	化学結合型充填剤(C18，他)
			SEC(GFC)	ポリマー系(排除限界分子量，校正曲線の傾きと分子量範囲)
		非イオン性		シリカ系(ジオール基，グリセロプロピル基)
			アフィニティー	リガンド(ビオチン，コンカナバリンA，ヘパリン他)
			逆相(分配)	化学結合型充填剤(官能基：C18, C8, C4, TMS, C22, C30, フェニル基，アミノ基，シアノ基など)
				ポリマー
	有機溶媒に可溶		順相(吸着)	シリカゲル，アルミナ，チタニア，カーボン
			SEC(GPC)	ポリマー系，シリカゲル

Question

31 有用な分離系を提供する**天然高分子ゲルの種類と分離目的**について教えてください．

Answer

　高速液体クロマトグラフィー用の充填剤には，シリカ系と合成高分子系の基材が広く用いられています．これらの基材は生体高分子，特にタンパク質の水系での分析にはいくつかの不都合な点があります．すなわち，シリカが基材の場合には表面を化学処理した後にわずかに残留するシラノール基がアニオン性を有しているために，両性電解質であるタンパク質が基材そのものとイオン相互作用（イオン交換，イオン排除）を起こすことです．また，親水処理として短鎖アルキルが導入された場合には基材とタンパク質間の疎水的相互作用が問題となります．このような疎水性相互作用の問題は疎水骨格をもつ合成高分子を基材として用いたときはさらに大きな問題となってしまいます．また，合成高分子の原料によっては微量に残存するイオン性解離基との相互作用が分離に影響します．

　一方，従来から使われてきたセルロースやデキストランなどの多糖類は基材そのものが親水性なので水系溶媒中でも基材と試料物質の間の疎水的相互作用はシリカ系や合成高分子基材の担体に比べて小さいと考えられます．天然の多糖類にはわずかではありますが，カルボキシル基や硫酸基などのイオン性残基が含まれていますので，イオン相互作用が完全に無視できるわけではありませんが，適当な修飾さえしておけばシリカ系や合成高分子基材の担体に比べその影響は小さいと考えられます．現在では，従来から使用されていたセルロースやデキストランに加え，キチン，マンナンなど新しい天然高分子を基材とし，水系の各種分離モード（IEC，GPC，HIC）に対応したクロマト担体が発売されており，選択の幅が広がっています．いずれにしても，天然高分子基材はシリカ系や合成高分子基材に比べて，非特異的吸着が少ないためパラメーター変化に対応してクロマトグラムが変化し，分離の最適条件の検討が容易に行えることや，回収率が改善されるなどの利点があります．

Question 32

生体成分の分離精製で，GPC, IEX, RP, HAP, AF などの HPLC 分離モードの使い分け，組合せのコツを教えてください．

Answer

　生体成分と一言で表しても，分子量的にも極性的にも多種，多様な物質が含まれるので，目的とする物質の分離精製にどのような分離モードの組合せが適しているかを一概に決定することは困難です．また精製に伴う付随操作(抽出，濃縮，脱塩)をどのように行うかも精製を効率よく行うために重要な要素となります．精製を始める前に分離モードや充填剤の特性についてよく理解しておくことが重要ですが，これについては多くの参考書があるのでそれらを参照してください．ここでは，主にタンパク質の分離精製に関して覚えておくと便利なことをいくつか紹介しておきます．

試　料

① 生体試料には雑多な物質が含まれ，また試料容量も大きいので，精製にあたって適当な方法でタンパク質を濃縮，分画しておきます．タンパク質の予備的分画には，硫安分画による方法が最も簡便で安全です．

② 極端に濃度の低い試料(100 μg/mL 以下)の回収や濃縮に限外沪過膜がよく使用されていますが，塩基性タンパク質の場合には沪過膜に吸着されて回収が悪い欠点があります．このような場合は試料を希釈して，小さいイオン交換カラムにいったん吸着させてから一挙に溶出することが有効です．

③ 逆相クロマトグラフィーの溶離液の濃縮には遠心エバポレーターなどで減圧濃縮を行うことが多いのですが，タンパク質を乾固すると変性不溶化してしまい回収が困難になります．試料液にグリセリンを 1 滴添加しておくことで不溶化をかなりの場合防ぐことができます．

カラム

① 一般に処理する試料容積が大きい精製の初期段階では，イオン交換，アフィニティー，ヒドロキシアパタイト，疎水性クロマト(HIC)などの処理容量が大きく比較的高速で処理できる吸着クロマトグラフィーが適しています．これらの吸着クロマトグラフィーのゲル担体としてはポリマー系の充填剤の方が一般に吸着容量が大きく，また使用後にも強い条件でカラムを洗えるのでカラムを長持ちさせることができます．ゲル沪過法(GF)は負荷できる試料体積が限られるため精製段階の後期に使用するのが効率的です．

② 水系 HPLC 充填剤は基材の 2 次効果のため，タンパク質のクロマトグラフィーに必ずしも最適な性質を有しているとはいえません．セルロースやセファデックス(セファロース)系の方がよりよい分離を示すことが多々あるので生体高分子の精製の場合 HPLC に頼りすぎることは危険です．

③ 水系 HPLC 充填剤の 2 次効果の中で疎水性相互作用は，エタノールやアセトニトリルなどを移動相に添加することによって多くの場合打ち消すことができます．イオン交換クロマトグラフィーの場合に有機溶媒(5～10%)を緩衝液に添加しておくことで分離が改善されることが多々あります．

各分離モードについて

① イオン交換クロマトグラフィー：タンパク質と充填剤との間の静電的相互作用によるクロマトグラフィーであり，分離能も高く，吸着能も大きいので精製の初期段階で用いることが多い．イオン交換体はタンパク質の等電点と安定性を考慮して選択するが，等電点ではタンパク質の電荷が中和されていて交換体に吸着しにくいことや沈殿しやすい(等電点沈殿)ので使用する緩衝液の pH は等電点より 1 pH 単位程度以上酸性側か，アルカリ側のものを使うことになります．当然のことながら，等電点より酸性側では陽イオン交換体，アルカリ側では陰イオン交換体を使用することになります．未知試験の場合には，陰イオン交換体としてはDEAE-交換体を pH 8.0 で 20 mM Tris-HCl 緩衝液，陽イオン交換体は CM-交換体を pH 5～6 の酢酸(リン酸)緩衝液でそれぞれ吸着，溶出条件や回収率などを調べるとよいでしょう．ほとんどのタンパク質は上記条件でいずれかに吸着するはずです．なお，陽イオン交換体として，リン酸基をもつものはリン酸基に親和性をもつ核酸分解酵素などにアフィニティークロマトグラフィー的要素が働いて有効である場合があります．

② 疎水性クロマトグラフィー：タンパク質と固定相に導入された疎水性リガンドとの間の疎水性相互作用に基づく分離法で，移動相として水系緩衝液を使用するクロマトグラフィーで正確には疎水的相互作用クロマトグラフィーというべきです．イオン交換クロマトグラフィーやヒドロキシアパタイトクロマトグラフィーと異なり，タンパク質は高い塩濃度で担体に吸着され低塩濃度で溶出されるので，硫安分画後に使用するクロマトグラフィーとして考えておくとよいでしょう．一般的には 1～1.5 M の硫安や 1～3 M の NaCl を含む緩衝液でタンパク質を吸着させ，緩衝液中の硫安濃度を下げて吸着タンパク質を溶出します．塩濃度を下げても溶出しない場合には，有機溶媒(アセトニトリル 30%，エチレングリコール 70%)での溶出を試みましょう．タンパク質の吸着は塩濃度のほかに温度および pH に影響され，高 pH，高温で強く，低 pH，低温で弱くなります．

疎水性リガンドとしては，C1-C8 のアルキル鎖およびフェニル基やエーテル基を導入した担体があります．C8 とフェニル基はほぼ同等の疎水性をもち，分子量 3 万程度までのタンパク質の分離に適しています．それ以上の分子量のタンパク質には疎水性の小さい短鎖アルキル基やエーテル基をもつ担体が回収率の面でよいでしょう．

カラムの洗浄には界面活性剤の使用も可能ですが，使用したときにはカラムをアセトニトリルを含む緩衝液でよく洗うことが大切です．

③ 逆相クロマトグラフィー：前記の疎水性クロマトグラフィーと同様の原理でタンパク質を保持しますが，疎水性残基の導入量が多く，溶出に有機溶媒(アセトニトリル，プロパノー

ル)-水混液が使用されることに加え，イオンペアー試薬としてトリフルオロ酢酸(TFA)，ヘプタフルオロ酪酸(HFBA)，リン酸などが添加された溶離液を用いることが多いので生物活性を保持したままでタンパク質を精製する目的には余り適してはいません．しかし，分離能は他のモードに比べて圧倒的によいので，目的物質が溶離条件で安定である場合や生物活性を目的としない精製や，純度検定，サブユニット分離には必須の分離モードです．リガンドを選ぶ目安として分子量2万以下の低分子タンパク質やペプチドにはC18を，それ以上の10万以下のタンパク質にはC4, C8, フェニル基などを導入した担体が適しています．

④ ヒドロキシアパタイトクロマトグラフィー：ヒドロキシアパタイト(以下HAPと略)は中性pH領域で弱酸性から塩基性タンパク質までタンパク質を吸着するので，この付近に等電点をもつイオン交換クロマトグラフィーでは吸着が弱いタンパク質のクロマトグラフィーに適しています．塩基性タンパク質はHAPのリン酸基，酸性タンパク質はカルシウムとそれぞれ静電的に相互作用をしていると考えられますが，全体的な分離のようすは陽イオン交換体での分離に似ています．タンパク質のクロマトグラフィーでは通常はpH 6～7.2のリン酸緩衝液(10mM)で吸着させ，緩衝液の濃度を0.4Mまで上げることで行われます．HAPへのタンパク質の吸着はpHが高いほど弱くなり低塩濃度で溶出されますが，核酸の場合には高pHで保持が強くなるのでpH 8でクロマトグラフィーを行う方が高分離が得られます．

⑤ ゲル沪過法：溶質分子の大きさに依存した分離法であり，操作が簡便で，分子量の大まかな目安もつけることができるなどの利点があります．しかし原理的にそれほど高分解能が望める分離法ではなく，展開できる試料の容量に制限があるので最終精製品の純度検定や溶媒交換をかねて混入した不純物の除去を行うときに推奨されます．ゲル沪過における分離の効率は目的分子量に応じた分画範囲の担体を選定することと試料の容積にみあったカラムを作成することにつきます．すなわち，カラム容積は最低でも試料液量の40倍(軟質ゲル)が必要であり，HPLCの場合には100倍以上であることが望ましい条件です．

ゲル沪過担体は溶質分子との間に何らの物理化学的相互作用がないものが理想的ですが，現実にはそのような担体は存在せず，天然高分子ではイオン的相互作用が，シリカ系や合成高分子ゲルではイオン的相互作用と疎水性相互作用が溶出位置やピークの型に影響を与えます．ゲル沪過において，目的成分が正規分布に従って溶出せずピークの型がテーリングしたりリーディングしているときには，①ゲルの充填状態が悪い，②目的成分が分子量的不均一性を有している，ことなどに加え溶質分子と担体との上記相互作用があることにも原因があります．ゲル沪過におけるこれらの相互作用は，0.1から0.2MのNaClや5％のエタノールやアセトニトリルの添加で抑えることができます．

⑥ 金属キレートクロマトグラフィー：担体に固定化したイミノジ酢酸にキレート結合した2価金属とタンパク表面のアミノ酸，特にヒスチジン，トリプトファン，システインとのキレート形成能を利用したクロマトグラフィーで，タンパク質分解酵素やそのインヒビターの精製によく用いられています．条件を選べば可溶性タンパク質の30～40％は吸着させることができ

ると考えられています．金属とタンパク質とのキレート相互作用はCu>Zn>Cd>Co>Niの順で弱くなります．0.5～1MのNaCl存在下にpH8の緩衝液で試料を吸着させ，pH5を程度まで下げるか，グリシン，イミダゾールなどの濃度を上げてタンパク質を溶出するのが一般的です．カラム下部に金属をキレートしていない担体を少量つめておくと流出した金属イオンを再トラップできます．使用した担体はEDTAで洗浄して他の金属イオンに置き換えることで再使用することが可能です．

⑦ アフィニティークロマトグラフィー：アフィニティークロマトグラフィーは生体分子の特異的な分子間相互作用を利用した分離法なので選択性に優れており，分離，精製の目的には最も強力な手段です．アフィニティークロマトグラフィーを初期段階で使用したがる人が多いのですが，一般的には今までに述べてきた非特異的精製法で夾雑成分をできるだけ除いた後に用いるべきです．しかし，目的物質を特異的かつ安定に溶出させられることがわかっている場合には初期段階から積極的に使用すべきです．

アフィニティークロマトグラフィーを成功させるためには，リガンドの選択から親和性担体の作成さらには吸着，溶出条件の設定などをケースバイケースで設定しなければなりませんが，それらについてここで詳述することはできませんので成書を参考にしてください．

Question

33 HPLCの **分離条件の最適化の方法** を教えてください．コンピュータシミュレーション法の特徴などについても説明してください．

Answer

　HPLCのメソッド開発は，カラム(固定相/粒子径/長さ)，溶媒種，有機溶媒量，pH値，緩衝塩濃度，分析温度など，ファクターが多く，最適な条件を選択することは，非常に手間のかかる作業です．経験も大切ですが，勘に頼っただけの条件検討は，メソッド開発過程で得られたデータが後で役に立たない場合や，条件がシビアで再現性が得られ難いこともあります．条件検討を系統立てて行うとともに，無駄な実験を省き堅牢性のあるメソッドを，最小の試行錯誤実験によって作るための支援ソフトが市販されています．

　プロトコルは逆相理論に基づくもの，シンプレックス法を用いるもの，AI(人工知能)に基づくもの，またそれらを併用するものなど多種多様ですが，どのソフトも以下のような機能を複数もっています．

① 一度の保持変化で，その変化の関数である分離を予測する．
② 一度または複数の変化で，それら変化の関数である分離を予測する．
③ カラム条件(内径，粒子径，流速)の変化に対応する保持を予測する．
④ グラジエント条件の試行によるグラジエント分離を予測する．
⑤ 一度または複数の条件変更で，最適な分離を得るために，クロマトグラムを予測し試行する．
⑥ 溶質の分子構造に基づいて最適な初期条件を予測する．

などです．コンピュータ技術の進歩により，機能は日々進化しています．最近では，吸着やテー

表1　主な市販ソフト

DryLab	LCResources, (Walnut Creek, CA, US) http://www.LCResources.com http://www.gls.co.jp/glsoft/drylab/drylab.htm (日本語)
ChromSword	Merck, (Darmstadt, DE)
EluEx HPLC-Metabolexpert	CompuDrug, (Budapest, Hungary) http://www.compudrug.com/
ProDigest-LC	Alberta Peptide Institu, (Alberta, Canada) http://www.biochem.ualberta.ca/Biochem/Faculty/Hodges/
Osiris	Datalys, (Grenoble, France) http://www.datalys.fr/
ACD/LC Simulator	Advanced Chemistry Development http://www.acdlabs.com/products/chrom_lab/lc_simulator/

リングにも対応できるものもでてきております．

最適な分離の調整は分離度 R_s が，次の2項目の関数であることを利用して行います[1]．
① 有機溶媒/pH/塩濃度/温度の関数である保持係数 $k[k=(t_R-t_0)/t_0]$
② カラムの理論段数 N（または粒子径や移動相の粘性など）からガウス分布として導かれるピークの広がり（$W=4\sigma$）

$$R_s = 2(t_2-t_1)/(W_1+W_2) \tag{1}$$
$$R_s = (1/4) \cdot (\alpha-1) \cdot N^{0.5} \cdot k/(1+k) \tag{2}$$

t_R, t_1, t_2：各ピークの保持時間，t_0：ホールドアップ時間，W：ベースラインのピーク幅，α：分離係数（$=k_1/k_2$）

分離度マップは，ほとんどのソフトがもっている機能で，下図は，有機溶媒濃度（%）に対する三成分の各ピーク間の分離度を模式化した例です．ピークの大きさがほぼ同じ場合に，どのピーク間も完全分離する分離度 $R_s=1.5$ のアセトニトリル範囲を塗りつぶして示しています．A域は有機溶媒濃度が変動しても，分離度が損なわれない堅牢性のある範囲であることを示しています．

図2AはL. Snyderらが開発したDryLabを用いての9種有機酸の移動相pH条件最適化例です．ODSカラムでの保持を上げるため，イオン解離を抑制するpHにする必要があります．イオン性化合物の解離曲線はpK_a付近で大きく変化する多次式になりますので，シミュレーションの精度を上げるためには，pK_a付近での3回の試行実験が望まれます．

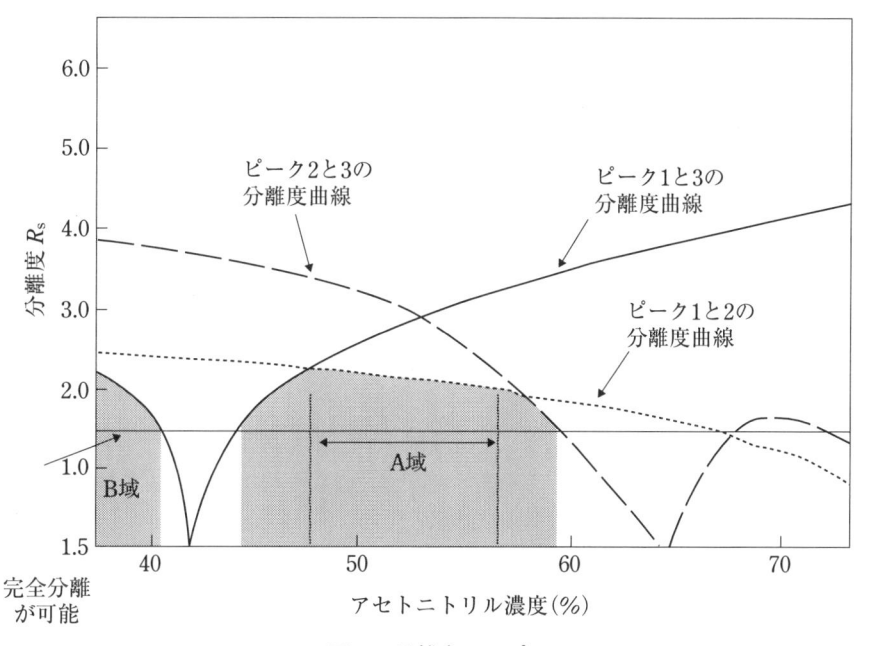

図1 分離度マップ

図2Bは，実際の測定結果とシミュレーションの結果ですが，よく一致します．複雑なグラジエント分析での多成分一斉分析法のメソッド開発などに限らず，有効な手法といえるでしょう．

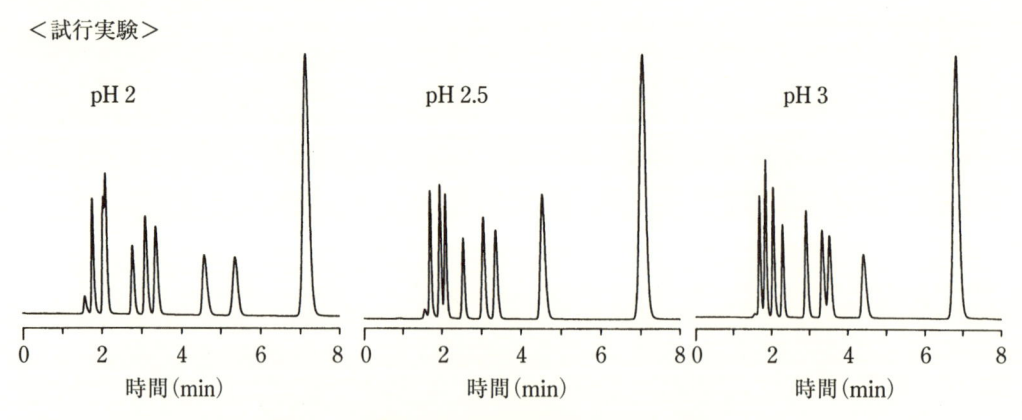

＜試行実験＞

図 2A　有機酸分析条件最適化例(pHの最適化)

試料：①シュウ酸(0.19 mg/mL)，②酒石酸(1.20 mg/mL)，③グリコール酸(3.12 mg/mL)，④マロン酸(1.44 mg/mL)，⑤乳酸(3.04 mg/mL)，⑥酢酸(3.40 mg/mL)，⑦フマル酸(0.015 mg/mL)，⑧コハク酸(3.37 mg/mL)，⑨アクリル酸(0.10 mg/mL)
カラム：Inertsil C8-3 150×0.46 cm　1.0 mL/min 40℃
初期検討 pH 2，pH 2.5，pH 3

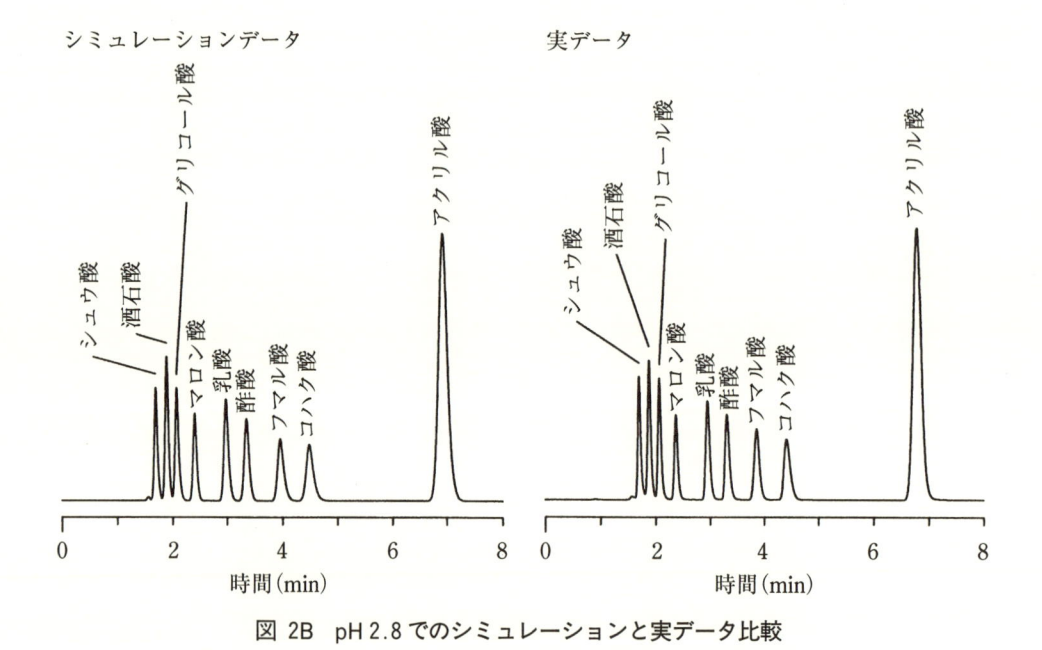

図 2B　pH 2.8 でのシミュレーションと実データ比較

---

1) L.R. Snyder, J.L. Glajch, J.J. Kirkland, "Practical HPLC Method Development", 2nd ed., John Wiley & Sons (1997).

Q: 分析を繰り返した後，ピークの先端が丸みを帯び，頭が割れるようになりました．カラムの寿命でしょうか．原因と対策を教えてください．

A: カラムを使用していると種々の原因で，充填剤の充填状態が悪くなり段数が低下してきます．さらに理論段数が低下するばかりではなく，ピークが割れてくることがあります．そのような場合，カラムの入口エンドフィッティングを開けてみると隙間ができていることがあります．

　隙間がわずかであれば，汚れた部分をかきだし同一種の新しい充填剤をつめることにより回復する場合があります．また偏って隙間ができているならば，エンドフィッティングのつまりも考えられます．新しい充填剤を充填した後，エンドフィッティングを交換します．

　このような方法で一次的に回復しますが，通常のパッキング法と異なり充填状態が悪いため，しばらくして段数が低下します．あくまでも一次的な処置にすぎません．カラムの耐久性に疑問がある場合には，試料の前処理(微粒子はないか)，ポンプの脈流の改善(圧力変動が以前と比べ大きくなっていないか)，溶離液の組成（pH，流量）など根本的な処置をする必要があります．

Q: 通常の使用条件でのカラムの寿命はどの程度ですか．また，カラムが正常かどうかの確認方法は．

A: カラムの寿命は，通常 500〜2000 検体以上と考えられます．しかしながら特別な場合(専用カラムなど)を除いて使用回数については保証されていない場合が多いと思われます．その理由として，取扱い方法によりカラムの寿命が異なることがあると考えられます．カラム劣化の原因として，次にあげることなどが考えられます．

　① 試料の前処理が悪く微粒子がカラムエンドにつまり，劣化．
　② 分離条件(溶出条件)が悪くカラムに溶出しない成分が蓄積して，劣化．
　③ ポンプの脈流および試料注入時の圧力変動，システム立ち上げおよび停止時の圧力変動などによる，劣化．

　次に，カラムが正常であるかどうかの確認法として最も基本的なことは，カラム購入時の試験成績書と同様の条件で検査をすることです．溶出位置，理論段数，ピーク形状などに異常がなければ，カラム性能に変化がなく(正常)使用可能といえます．

　また測定溶媒と溶離条件が異なる場合には，溶媒交換の必要があり煩雑です．そのような場合には，カラム購入時に試験成績書と同様の条件でカラム検査を行った後，測定条件で適当な標準試料で検査しておくと便利です．溶媒交換の必要がなくカラムの性能検査を行うことができます．実試料注入時，定期的に標準試料で溶出時間，理論段数，カラム圧力などのチェックをすることにより，カラム性能だけではなくシステムの性能検査も可能です．

Q: オートサンプラーを用いて連続運転している場合など，途中で分離不良になると大問題です．カラム寿命になるまで，あといくつ試料を分析できるか判定する方法はないでしょうか．

A: 適当な標準試料を定期的に分析し，統計的にデータを積み重ねないと無理ではないでしょうか．また，インジェクションカウンターをつけて，一つの目安としてはいかがですか．

Q: カラムを枯らしてしまいました．どうすればよいでしょうか．

A: カラムの中の溶媒がなくなるとカラム性能が劣化して分離能が低下する原因となります．特にポリマー系カラムの場合は，充填剤が収縮して隙間ができることがあります．カラムにエアーが入る原因として次のような場合が考えられます．
・使用中に溶媒がなくなりエアーを送った．
・試料注入ループからエアーが入った．
・カラムエンドのネジ(ふた)を開けたままで放置した．
などが考えられます．

しかし溶媒がなくなったと思っても，カラムの中の溶媒がすべてなくなっていることはまれです．あわてないで次のように処理してみます．特にシリカ系充填剤の場合には，膨潤収縮が少ないため性能の劣化があまりないことが期待されます．

① まず，カラムを立てかけてカラムエンド入口から溶媒が浸みだしてくることを確認します(溶媒が浸み出してこない場合は②に移る)．

② 次に，ポンプで溶媒を送液します．このとき，通常の使用条件よりも流速を下げて(1/2以下)で行い，圧力が高くならないようにします．

③ カラムからエアーが出なくなるまで洗浄(溶媒置換)します．このときカラムに背圧をかければより効果的です．

④ 標準試料で分離性能の確認をします．

Q: カラムの充填圧はどのくらいに設定したらよいでしょうか．カラムの充填圧，カラム初期圧とカラム寿命との関係は．また，カラムを複数連結したとき，圧力計の表示圧がカラムの耐圧以上となりましたが，このまま使用してもよいでしょうか．

A: シリカ系の充填剤の場合の充填圧は，充填剤の機械的強度の限界近くに設定します．一般的に細孔径 8 nm で 50 MPa，12 nm で 40 MPa，30 nm で 25 MPa に設定します．

カラム充填圧とカラム初期圧は，充填の状態が極端に悪くない以外は相関がありません．すなわち，充填の条件が悪く，充填層に亀裂がある場合には，カラムの初期圧がわずかに低くなることがあります．また，充填剤の機械的強度以上の充填圧で充填した場合には，充填剤が破壊されることにより微粉が生じるため，初期圧が高くなることもあります．カラム寿命は，充填圧などの充填条件が悪い場合には 200 時間以下と極端に短くなります．前述の適正なカラム充填圧で充填されていれば，充填圧よりも圧力勾配の加え方やスラリー溶媒組成，加圧溶媒やパージ溶媒の組成や通液時間などの充填条件に強く依存します．

耐圧以上の圧力でのカラムの使用は，カラム上部にボイド空隙が発生してピーク形状が悪くなりますので，カラム寿命がかなり短くなります．

3章　移動相（溶離液）

Question

34
移動相には必ず **HPLC 用溶媒を使わないといけない** のでしょうか．市販の HPLC 用の溶媒は他の用途の溶媒とどこが違うのでしょうか．

Answer

一般的に試薬として発売されている有機溶媒には用途に合わせた種々のグレードの製品が存在します[1]．

例えば，HPLC において最も多く使用されているアセトニトリルを例にとりますと，HPLC 用の他に特級，一級，PCB 分析用，非水滴定用，蛍光分析用，分光分析用，残留農薬試験用，DNA 合成用，有機合成用（脱水溶媒）などの製品が存在します．

試薬メーカーがこのように多くのグレードの製品を取り揃えている理由は，その使用する目的に応じた，ないしは目的が要求する純度があるからです．歴史的に HPLC が普及し始めたとき，溶媒には主として特級グレードの溶媒が使われていました．このときユーザーである研究者から「クロマトグラムが安定しない」，「順相のカラムがすぐ劣化する」，「予期しないピークが現れる」，「ベースラインが安定化しない」などの苦情が寄せられ，永年にわたりメーカーがその原因を解明し，解決していった結果として今ある HPLC 用溶媒ができあがったという経緯があります．

HPLC 用の溶媒の場合，最も多く使用されている UV 検出器の性能を十分発揮させるため，特に紫外部に吸収をもつ不純物を取り除くこと，添加する安定剤はクロマトグラムを妨害しないこと，水分含量を一定水準以下に抑えることなどをめざして製造されています．また各メーカーによりプラスアルファの規格も設定しております．

表1にアセトニトリルの HPLC 用と試薬特級の規格の比較表を示しますが，試薬特級の場合，UV 吸収の試験，相対蛍光強度，過酸化物の試験が実施されていません．

表 1 アセトニトリルの HPLC 用と試薬特級の比較

試薬のグレード	HPLC 用	試薬　特級
含量（by GC）（％）	99.8 以上	99.0 以上
屈折率	1.343〜1.346	1.343〜1.346
酸（％）（CH_3COOH として）	0.001 以下	0.01 以下
過酸化物（％）（H_2O_2 として）	0.0005 以下	
不揮発性成分（％）	0.001 以下	0.01 以下
水分（％）	0.05 以下	0.1 以下
吸光度　　　200 nm 　　　　225〜400 nm	0.05 以下 0.01 以下	—
相対蛍光強度	限度内	—

これはすなわち，HPLC用以外の吸光度を保証していないグレードの溶媒を使用した場合，バックグラウンドが安定せず，クロマトグラムの測定が困難になったり，ノイズが大きくなるなどの原因となってしまい，クロマトグラムの測定に大きな支障をきたすことになります．また，HPLC用の溶媒は蛍光検出器および屈折率検出器を使用するための配慮もされており，普通のHPLC分析には問題なく使用可能と考えられます．同時に過酸化物値を低く抑えておきませんと，大切な試料がクロマトグラフィーの最中に分解してしまうこともあります．

　したがって，HPLC用以外のグレードの溶媒を使用する場合は，自分の分析目的と使用する溶媒の品質を十分考慮する必要があります．

---

1) 細田　誠，酒井　芳博，*Chromatography*, **16**, 45(1995).

Question

35 移動相に用いる溶媒には添加剤の入っているものもあります．**添加剤入りの溶媒を用いるときの注意事項**について教えてください．

Answer

　有機溶媒は種類により化学的安定性に欠けるものがあり，長期の保存で分解してしまうものもあります．このため，これらの溶媒には長期保存を可能にするため安定剤が添加されています．すなわち溶存酸素および空気中の酸素により酸化されやすい溶媒(THF(テトラヒドロフラン)，ジオキサン)，太陽光により変性しやすい溶媒(クロロホルム，塩化メチレンなど)には安定剤が加えられています．特に一般試薬の場合，HPLCでよく使用されるTHFには酸化防止剤(BHTなど)が使用され，また順相クロマトグラフィーによく使用されるクロロホルムにはエタノールなどのアルコール類がよく使用されています．

　HPLC用の溶媒には安定剤を添加しないことが試薬メーカーの基本姿勢であり，各溶媒は高度に精製されHPLC用溶媒として供給されています．しかしながら，前述のように溶媒の化学的な特性からどうしても安定剤を添加しなければならない状況が生じます．このような場合，HPLCにおいてクロマトグラムを測定する場合，特にUV検出に支障が出ず，かつクロマトグラムの再現性が確保できるような種類と量の安定剤が添加されます．

　特に順相クロマトグラフィーでよく使用されるクロロホルムの場合，一般試薬においてはアルコールが安定剤として添加されており，例えば，シリカゲルカラムを使用し非極性化合物を分析する場合，時間の経過とともに溶出時間が早くなり，最終的に分析が困難となってしまいます[1]．また，シリカゲル薄層クロマトグラフィーでクロロホルム-メタノール系の展開液を調製した場合，クロロホルム中に安定剤として加えられているエタノールがクロマトグラムの再現性を大きく損なう原因となっています．

　したがって，HPLC用のクロロホルムをはじめとするハロゲン溶媒には溶質の保持にもUV特性にも影響を与えない，アミレンが安定剤として使用されています．しかしながら，アミレンは不飽和炭化水素であることからその反応性には注意が必要です．

　一方，高分子化合物のHPLCによく使用されるTHFにはBHT(2,6-ジ-*tert*-ブチルヒドロキシトルエン)，BHA(2,6-ジ-*tert*-ブチルヒドロキシアニソール)などの酸化防止剤が添加されていることが一般的です．しかしながらHPLC用のTHFは，試薬メーカーによっては，不活性ガスとともに封入することで酸化防止剤を使用していないものも供給されています．したがって，測定する試料の特性を考慮し酸化防止剤が添加されていない溶媒が必要であれば，このように設計されたHPLC用溶媒を使用することをおすすめします．しかしながら，この場合，不活性ガス雰囲気中で開封・保管し，かつ速やかに使い切ることができなければ酸化は急速に進み，バックグラウンドが上昇したり試料が分解されたりする原因となります．

したがって，添加されている安定剤の種類をよく把握し，採用しようとしている検出系で支障がないかを確認した上で溶媒を使用することをおすすめします．これら添加されている安定剤の種類は試薬のラベルに記載されております．

また，現在，HPLCの検出システムは多種多様になってきていますが，現在市販されているHPLC用溶媒は，UV検出器を使用するためにその品質が決められています．そのことを理解した上で使用することが必要です(**Q 34** 参照)．

今後は，UV検出器以外の検出器，特にLC/MS，LC/NMRなどの普及に従い，MSやNMRが重要な検出器となっていくことが予想されますが，現在(2001年)これら検出器のための溶媒は，まだ市販されてはおりません．したがって，これら検出器を使用する場合は，採用する測定方法に対し添加されている安定剤が問題となるかどうかを確認する必要があります．

---

1) 細田誠, 酒井芳博, *Chromatography*, **16**, 45(1995).

Question 36

溶離液（移動相溶媒）を再現性よく調製するためには，一般にどのような点に注意したらよいでしょうか．また，溶離液は調製後，どのくらいまで安心して使えるものですか．

Answer

　HPLC分析を再現性よく実施するためには，溶離液の調製方法が大変重要です．単一成分または，単一溶媒を溶離液として使用することができる場合には，比較的管理が容易です．しかしながら現実には有機溶媒と緩衝液，緩衝液と緩衝液の混合など，溶離液の調製は多くの変動要因を含んでいます．ここで，溶離液を再現性よく調製するための方法を以下に示します．

混　合　比

　溶離液の混合は，正確に行ってください．少なくともメスシリンダーを使用し正確にはかり混合することをおすすめします．また混合比ですが，容量比であるのか重量比であるのかを明確にして下さい．例えば容量比で溶離液を混合すると決めたならば，可能な限り同じように容量比で混合してください．

　例えば，アセトニトリルと水を3対1で混合した溶離液を100 mL調製する場合，アセトニトリル75 mLと水25 mLをそれぞれメスシリンダーではかりとり混合します．

pH 調　製

　溶離液のpH調整は，可能であれば水系である緩衝液ないしは水溶液の段階で調製してください．有機溶媒と混合した後にpHの調整をすることは大変困難となります．

緩衝液の混合

　緩衝液を混合して特定のpHの緩衝液を調製する場合，再現性を保持するためには，加える緩衝液の順序を守ってください．

　例えば，リン酸一カリウム溶液とリン酸二カリウム溶液を混合しpH 7.6の緩衝液を調製した場合，どちらの溶液に加えたかで溶離特性が変わってきます．

緩衝液の濃度

　緩衝液の濃度も溶離に与える影響が大きいため注意が必要です．

　普通，10～50 mM程度の濃度で緩衝液は有機溶媒と混合され使用されます．イオン性試料の溶出にさいして，緩衝液の塩濃度は高いほどその溶出を容易にする効果があります．

　しかしながら，塩濃度が高くなると有機溶媒と混合するさい塩が析出してしまいます．例えば，100 mMのリン酸カリウム水溶液をアセトニトリルと混合する場合，容量比でアセトニトリルが70％を超えるとリン酸カリウムの結晶が析出してきます．メタノールの場合は，60％以上になるとリン酸カリウムの結晶が析出してきます．

以上示しましたように，溶離液はその混合方法で溶離特性が微妙に変化します．したがって，つねに同じ操作ができるように標準化することをおすすめいたします．

一方，溶離液の寿命ですが，理想的には使用時に調製することですが，利便性を考え，以下のような目安で溶離液を交換・調製することをおすすめします．

① 有機溶媒-水系溶離液：使用後，密栓した状態で1週間．
② 有機溶媒-塩の水溶液：pH調整が不必要である場合，使用後，密栓した状態で1週間．
③ 有機溶媒-塩の水溶液：pH調整が必要な塩溶液を使用する場合は，使用時調整し使用する．

Question 37

溶離液の作製方法について以下の方法のどちらがよいですか．
A：水系 100％，有機溶媒 100％ の間で混合してグラジエントをつくる．
B：あらかじめ 20％ 有機溶媒と 80％ 有機溶媒をつくってグラジエントをつくる．

Answer

　用いる機種によってグラジエント溶出の混合様式が異なります．溶離液の混合が送液ポンプの，①上流，②シリンダー内，③下流，④その組合せでなされるものがあります．また，混合部への液の導入はポンプヘッド容量とシリンダーの作動様式により異なります．混合様式の違いで，カラムヘッドでの混合比が設定通り正確に実現できるとは限らず，設定混合比が 1 対 1 から離れるほどそのずれは大きくなります．一方，異なる溶液を混合すると，溶液とその会合体との混合物として存在し，一般的に体積変化をもたらし，その体積変化は混合液の組成が異なるほど大きくなります．

　また，性質の異なる溶液を混合すると，気泡が発生することがあります．特に A の場合起きやすいので注意が必要です．

　したがって，混合部での体積変化が少ないほど，また，混合量の差が少ないほど，カラムヘッドで設定混合比に近い溶離液が得られることになります．答えは B です．

体積変化がある!!

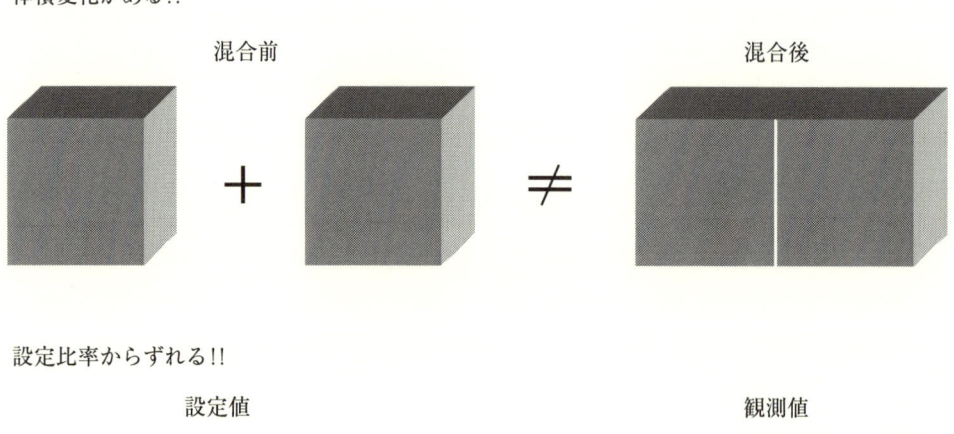

混合前　　　　　　　　混合後

設定比率からずれる!!

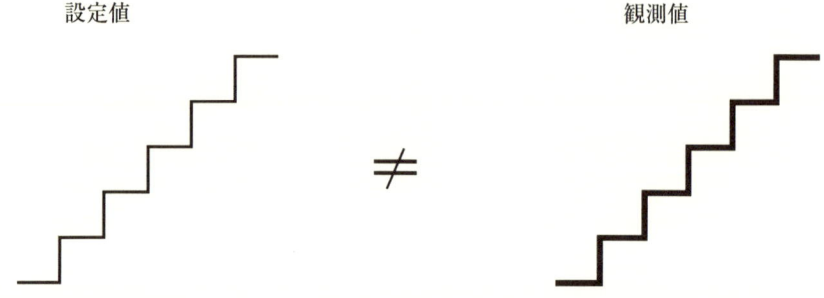

設定値　　　　　　　　観測値

Question

38 移動相の脱気は必要ですか．その効果はどんなところに現れますか．**脱気の程度，方法，選択方法**も含めて説明してください．

Answer

脱気の効果についてまずお答えします．1) ポンプ内に気泡が発生して流量変動が起こることを防止する，2) 検出器を気泡が通過し不規則なノイズが発生することを防止する，3) 溶存しているエアーの量を低く安定させることによりベースラインの周期ノイズとドリフトを抑える，あるいは感度を安定させる(屈折計，UV短波長，蛍光検出器)．この3種であると考えてよいでしょう．

脱気の方法について次に説明します．

① オフライン脱気法：超音波浴で振とうしながらアスピレーターで吸引するという方法が一般的です(2～5分，小さな泡が大きな泡に変わったときを通常脱気終了の目安にします)．

② 高分子膜を用いたインライン脱気法：移動相とポンプの間にインラインデガッサーを置いて，通過する間に膜を通じて気体を除去する方法．

③ Heガスによる脱気法：移動相に直接Heガスを吹き込んでエアーを追い出す方法(Heガスは液体への溶解度が小さい)

この3種が主たる方法です．②，③はHPLCの付属装置として各メーカーから市販されています．

各方法の特徴(長所，欠点など)について説明します．

① のオフライン脱気法はあくまで一時的な脱気法であることを理解されることが大事です．脱気後，空気の再溶解が始まります．最初に分類しました脱気の効果のうち3)のケースには使えません．1)，2)に対しては約6～8時間ほど効果があります．また，1)，2)のケースのトラブルは移動相を調製し，流し始めるときに起こることが多いのですが，この方法は初期トラブル回避としては大きな意味をもっています．

また，混合溶媒の場合には揮発性の成分が脱気操作時に失われ，溶媒組成が少し変化することもあります．再現性のある移動相調製が必要なときは脱気時間も管理する必要があります．

②，③の脱気法は，どちらも安定した脱気度が得られる方法です．両者の比較をしてみますと，②はガスを必要とせず簡単に設置でき，ランニングコストが安い，③は流量にかかわらず使える，脱気度が②より少し高い．ということになります．

Question

39 逆相HPLCで汎用される，水-メタノール系と水-アセトニトリル系の移動相の利点，欠点は何ですか．

Answer

逆相HPLCにおける溶離液は，水-メタノール系，水-アセトニトリル系が多く使用されていますが，現実には多くの有機溶媒が水と混合した状態，酸性またはアルカリ性の塩溶液との混合状態で使用されています．

ここで，溶離液の働きを考えてみますと，次のように説明されます[1]．

① 分離しようとする試料成分を溶かし，固定相と相互作用しながら前方に移動させる移動媒体(キャリヤー)としての働き．

② 分離しようとする試料成分および固定相と相互作用して，分離に適当な程度に固定相-移動相間に分布させる役割を果たす．

また，移動相として必要な条件を下記の表にまとめてみました．

必要条件を満足させる溶媒を順次絞り込みかつ安全性の高い溶媒を選択することになります．

このような移動相としての必要条件からメタノールとアセトニトリルを比較してみましょう．

物理化学特性

粘性率：これは移動相を流すさいのカラムに対する負荷を決める重要な因子となります．すなわち，粘性率の高い溶媒を使用する場合，カラムの圧力損失は大きくなります．メタノールとアセトニトリルの粘性率を比べますと，それぞれ0.55および0.34(単位：mPas 20℃)となっており，メタノールを移動相に使用する場合アセトニトリルに比べカラムの圧力は高くなります．

表 1 移動相として必要な条件

項 目	移動相としての必要条件
物理化学的特性	試料の成分に対し適当な溶解性を示し，化学的反応性も低い．化学的安定性が高く混和性が高いこと． 粘度が低く，検出器の動作に妨害を加えない．
保持の大きさ	目的成分に対して適当な保持係数を与える． 2成分を分離する場合，分離係数＝1～5 多成分を分離する場合，分離係数＝0.5～20
選択性	目的成分と隣接して溶出する多成分との分離係数が大きく，かつ両成分の保持における選択性が大きいこと．
安全性	引火性，爆発性，毒性が低いこと．揮発性が高すぎず，かつ分取した溶液から目的物を容易に回収できること．廃液の処理方法が簡単であり，安価であること．

UV 透過限界

紫外部吸収検出器を使用する場合問題となってきますが，有機溶媒は，その物理特性としてＵＶ透過限界(UV cutoff)を有します．

メタノールのＵＶ透過限界は 205 nm，アセトニトリルは 190 nm となっていますが現実には UV 透過限界点から徐々に吸光度は下がっていくため，市販されている HPLC グレードのメタノールが UV 検出器で使用できるのは 220 nm 位から，アセトニトリルで 200 nm 位です[2]．

したがって，分離しようとする試料の UV 特性を十分よく把握して溶媒を選択する必要があります．例えば，検出波長 210 nm で測定を行いたいとした場合，メタノールよりアセトニトリルをおすすめします．

このように，物理化学特性を比べますと，アセトニトリルの方が使いやすいことが理解できると思います．

しかしながら，化学的な特性を考えると，アセトニトリルはメタノールより毒性が強く，PRTR にも指定されており，その取扱いに配慮することが望まれます．

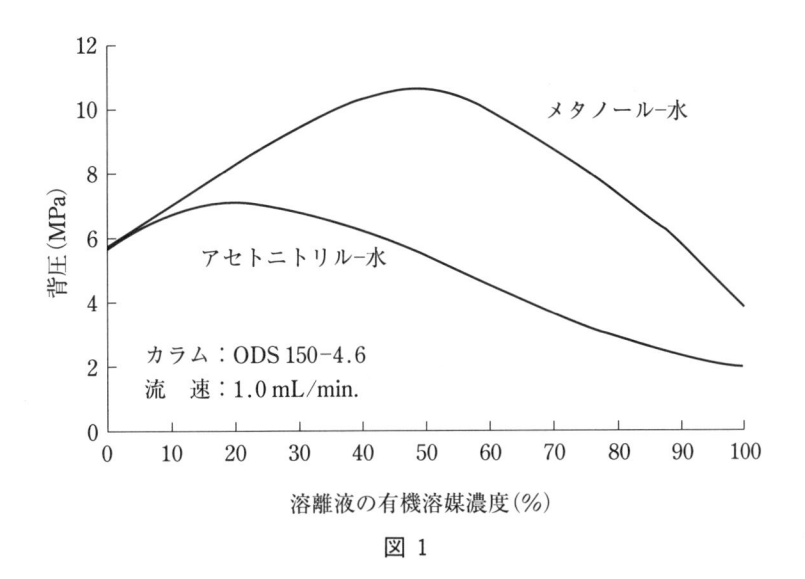

図 1

1) 日本分析化学会関東支部編，"高速液体クロマトグラフィーハンドブック，改訂 2 版"，丸善(2000)．
2) 細田 誠，酒井芳博，*Chromatography*, **16**, 45(1995)．

Question

40 低圧グラジエントと高圧グラジエントの特徴について教えてください．

Answer

　グラジエントの作製方法は，低圧混合方式と高圧混合方式に大別されます．それぞれの方式でのHPLC装置の概略図を示します．

　図1に示したのが低圧混合方式によるグラジエント作製法です．電磁弁などを用いて溶媒の混合比率を変化させながらポンプの入り口側で混合した後にカラムへ送液する方法です．送液ポンプとして1台のポンプがあればよいという点は長所です．しかし，混合後の溶媒がポンプを通ることによって広がることから，実際のグラジエント曲線が理想の曲線と大きくずれてしまうことがあります．特に分析などのスケールで用いる場合には，できるだけ内容積の小さいポンプを使用することが必要です．また，溶媒の混合が大気圧下で行われることから，気泡が発生しやすいことも短所としてあげられます．

　図2に示したのが高圧混合方式によるグラジエント作製法です．二つ以上のポンプを用いてそれぞれのポンプの流量を調節し，ポンプの出口側で溶媒を混合する方式です．この方式では，複数(2台以上)の送液ポンプとミキサーが必要となります．溶媒の混合に用いられるミキサーとしては，流路を複雑に分岐させたり，ビーズのつまったカラムを通すなどして溶媒が通る間に混合するスタティックミキサーと，マグネティックスターラーなどで混合するダイナミックミキサーがあります．いずれの場合も，再現性のある分離のよいクロマトグラフィーを行うた

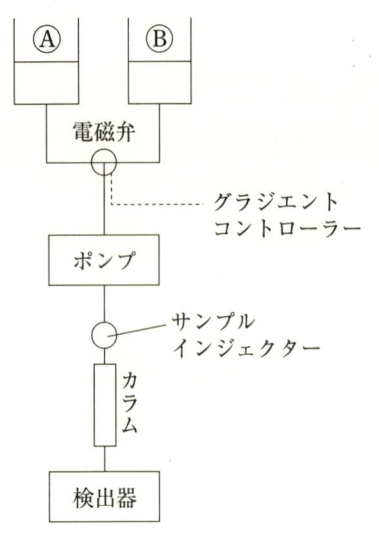

図1　低圧混合方式

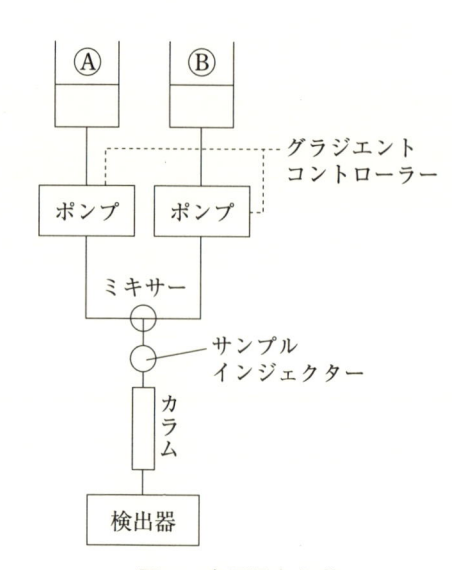

図2　高圧混合方式

めには，流速や溶媒の種類を考慮して十分に混合されかつ最小容量のミキサーを用いることが重要です．溶媒の混合以後の容量をできるだけ小さく抑えることによって，実際のグラジエント曲線が理想の曲線により近いものを作製することができます．また，高圧混合方式の長所としては，溶媒の混合が高圧下で行われることから，溶媒混合時の気泡の発生が抑えられます．最近では，送液ポンプが比較的安価になってきたことから，高圧混合方式が多く用いられてきています．

Question

41 移動相溶媒のつくり方，グラジエント分離条件の設定について教えてください．1) 初期溶媒組成，2) 傾き，3) 形状をどのような順で設定，また，その理論的な理由は？

Answer

グラジエント溶離法は，移動相の組成を変化させながら試料成分を分離，溶出させる手法です．保持係数 k の値が幅広い成分が試料に含まれていて，イソクラティック測定では分析時間がかかるようなときに，時間の短縮や分離の改善，そしてまたピーク形状の改善に役立ちます．

グラジエント分析でも分離能力を表す式は，イソクラティックと同様の次の式(1)で表され，保持係数 k と分離係数 α（二つのピークの選択性を示す $\alpha=k_2/k_1$）を分析中に変化させることと捉えることができます．

$$R_s = \frac{\sqrt{N}}{4} \cdot (\alpha-1) \cdot \frac{\overline{k}}{1+\overline{k}} \qquad (1)$$

R_s：分離度，N：理論段数，$\overline{k}$：グラジエント中の平均保持係数

$k/(1+k)$ 項は，溶質が固定相にどれだけ滞在しているかを表す項目ですが，k が大きくなればなるほど，分離度の改善には役立たないことがわかります．早く溶出するピークは適度な分離が得られ，遅く溶出するピークは余分な分析時間を費やさないよう k の値は $1<k<10$ になるようなグラジエント条件を選ぶことがポイントになります．

このグラジエント中の平均保持係数 $\overline{k}$ と有機溶媒組成の関係について，Snyder らは次の目安となる式を示しています[1]．

$$\overline{k} = \frac{87\, t_G F}{V_m (\Delta\%B) S} \qquad (2)$$

ここで，t_G はグラジエント時間(min)，F は移動相流量(mL/min)，V_m はカラムデッドボリューム(mL)，$B\%$ は溶離液 B の初期濃度とグラジエント終了時の差，S はイソクラティック時に $\log k$ と有機溶媒組成(%)が直線関係を示すときの傾き（$S/100$ となる）を意味し，通常，分子量 500 未満の低分子では 3〜5，ペプチドやタンパク質などの高分子では 10〜100 の大きな値になります．つまり，適度な k 値を得るためには生体高分子では，低分子化合物よりも緩やかなグラジエントの傾きが適していることを式(2)は表しています．

以上のことを踏まえ，次に最もよく使用される逆相 HPLC のグラジエント分離条件設定の例を説明します．

予 備 実 験

長さ 150 mm（理論段数 10 000 程度）の C8，または C18 カラムを用い，温度 35〜45°C で 20 分間，5〜100% アセトニトリルかメタノールのグラジエント分析を行います．

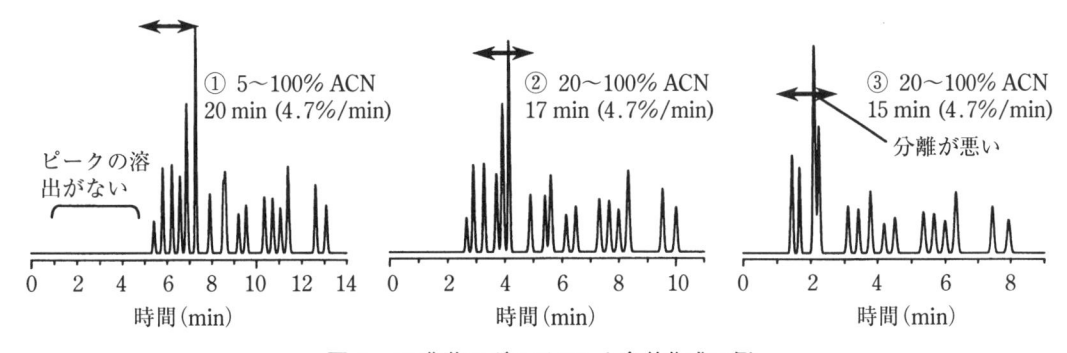

図1 17農薬のグラジエント条件作成の例

　保持係数 k と，溶質の水溶性を示す指標 $\log P_{ow}$（水-オクタノール分配係数）との相関関係（$\log P_{ow}$ が 0〜6 の範囲はよく一致する）はよく知られています[2,3]．$\log P_{ow}$ を調べることで，溶離液の初期設定は容易になります．また解離定数 pK_a などを調べることも，緩衝液の調製で重要です．

注：初期溶媒に試料が溶解できますか（**Q 74**）．

　最初は試料を注入せずにグラジエントを行い，カラムの汚れや移動相中の不純物がないことを確認してから標準試料を注入します（**Q 37**）．

グラジエント範囲とグラジエント勾配（%/min）の調整

　予備実験の結果を参考に，初期組成および最終組成を変更し，各ピークの k 値が適度な値で，適度な分離度 R_s が得られるように調整します．測定対象外の溶出の遅いピークがないことも確認します．

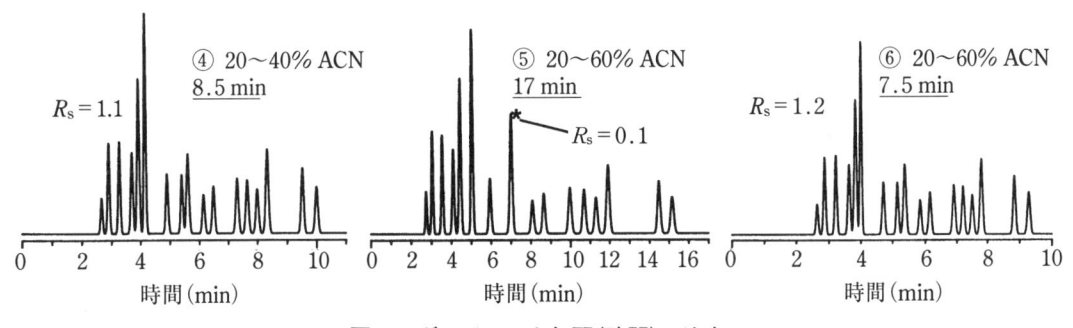

図2 グラジエント勾配（時間）の決定

ピーク間隔の最適化（選択性の調整＝分離係数 α の調整）

　"グラジエント勾配の微調整"→"溶媒種の変更または三番目の溶媒の追加"→"緩衝液，pH の調整またはイオン対試薬の検討"→"温度の変更"→"カラムの変更"の操作を行い，最適条件をみつけます．

　アセトニトリル-水の混合系で全体の分析時間を調整後，各部の分離を調整するため，メタノールやTHF（テトラヒドロフラン）などの溶媒を加えることは，移動相の特性（プロトンの

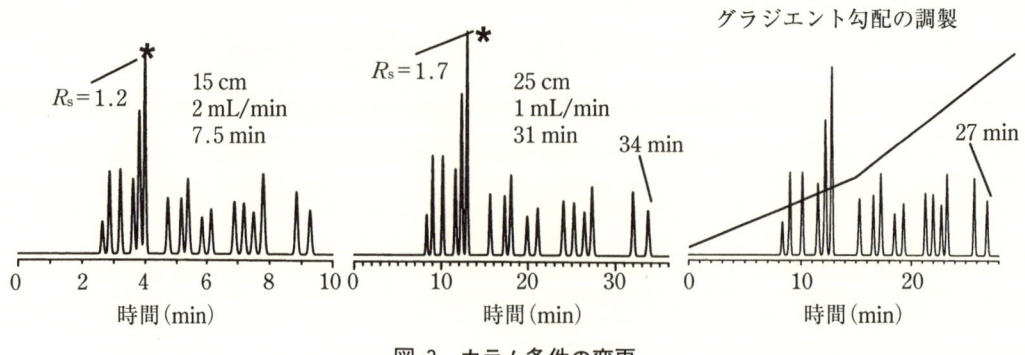

図3 カラム条件の変更

受/供与や双極子)を変化させることができるので効果的です．また，弱いイオン性化合物の逆相分配やイオン対クロマトグラフィーでは，保持は水溶液中での解離度に依存します．緩衝液濃度やpH条件の他に，温度も解離定数を変化させ，保持時間に影響します．

注：グラジエント終了時に，塩が析出しないことを確認します．

　　ミキサー容量で，分離パターンが変わることに注意してください．

　　堅牢性のあるグラジエントのメソッド開発は，なかなか大変な作業です．原理を理解した上で，開発支援ソフトを利用すると便利です．

　　順相系のグラジエントも分取HPLCなどでよく用いられますが，理論段数が高く溶媒に対して平衡時間の短い高性能のシアノ基，ジオール基などを化学結合したシリカゲルカラムが市販されるようになり，より使いやすくなりました．保持メカニズムから逆相やイオン対クロマトグラフィーでは得られない選択性が得られます．逆相やイオン対で，条件をいろいろ検討してもうまくいかないときに試してみるのも手でしょう．一般的に，無極性のヘキサンなどに弱極性溶媒，極性溶媒を加えていきますが，詳細は成書を参考にしてください[1]．

---

1) L.R. Snyder, J.L.Glajch, J.J. Kirkland；高橋　昭，荒木　峻訳，"高速液体クロマトグラフィーの実際"，東京化学同人（原著：Practical HPLC Method Development は John Wiley & Sons, Inc. 社から第2版）(1992)．
2) 花井俊彦，波多野博行，"実験高速液体クロマトグラフィー"，化学同人(1988)．
3) (財)化学物質評価研究機構編，"OECD化学品テストガイドライン"，Vol. 1, No.117，第一法規(1990)．

Question

42 グラジエント法，イソクラティック法などの**溶離法の特徴と応用**について教えてください．

Answer

　溶離法としては，イソクラティック法(均一溶離法)，ステップワイズ法(段階溶離法)，グラジエント法(濃度勾配溶離法)があります．

　イソクラティック法は溶媒条件を変化させずに均一溶媒で溶離する方法です(図1)．この方法は，ただ1種類の溶媒を流し続けるだけなので装置も操作も非常に簡便です．保持容量の大きく異なる多成分の分離の場合(すなわち，試料の保持係数 k 値が広範囲にある場合)，すべての成分の溶離に長時間を要し，またクロマトグラフィー後半の溶離ピークが広がるため，検出が困難になってきます．しかし，保持容量の類似した複数の成分(すなわち，最初と最後に溶離されるものの k 値の比が10以下のような場合)を十分に分離したい場合には適正な条件を設定すれば非常に有効に分離することができます．また，この方法ではベースラインの変動がほとんどないため，定量操作に適しています．

　ステップワイズ法は溶離液を溶離力の弱いものから強いものへ段階的に変化させて溶離する方法です(図2)．この方法は，保持容量の大きく異なる多成分の試料をいくつかの成分群に分離あるいは成分群ごとで各成分に分離する場合に用いられます．この方法では溶媒切り換え時に圧力の変動が起こったり，ゴーストピークが出たり，ベースラインの変動があるため定量操作時には注意が必要です．

　グラジエント法は溶離液を溶離力の弱いものから強いものへ移動相の組成を時間とともに連続的に変化させて溶離する方法です(図3)．グラジエント法は保持容量の大きく異なる多成分の試料を一斉に分離する場合に有効です．また，溶離挙動の未知の試料についても，まずグラジエント法による分離を行い，条件を最適化していくのがよいでしょう．また，この方法では溶離ピークの広がりを抑えることができ，ピークが比較的シャープで感度が高められます．繰り返し分析を行う場合，カラムを溶離液で十分に平衡化することが大事です．

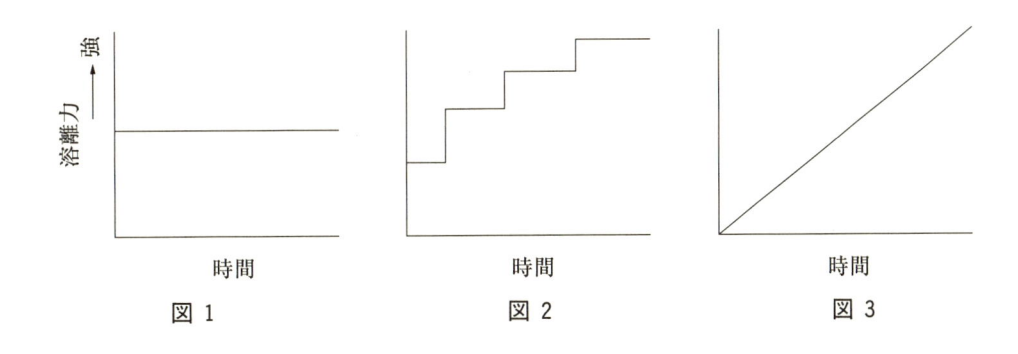

図1　　　　　　　　図2　　　　　　　　図3

Question

43 有機溶媒と水を混合してリニアグラジエント溶出を行う場合，**設定流量の精度は？** 有機溶媒と水との混合で体積は減少しているはず．

Answer

混合できる溶媒を混ぜた場合，混合後の体積 V_{total} は，溶媒分子間の吸引（または反発）の相互作用により，個々の体積の和 $\sum V_i$ と等しくなりません．HPLCで用いられる逆相系移動相のグラジエント測定では，強い水素結合により混合後の体積は減少し，特別な補正や工夫をしない限り，実際の流量 $F_{observed}$ も希望する（設定）流量 $F_{expected}$ より減少します．

$$V_1 + V_2 + \cdots = \sum V_i > V_{total}$$
$$F_{expected} = F_1 + F_2 > F_{observed}$$

Katz ら[1]は，逆相系の溶媒混合（水-メタノール，水-アセトニトリル，水-テトラヒドロフラン）の組成比における体積減少を実測し，予測の方法を考察しています．図2はメタノール-水系での混合状態を組成ごとに表したもので，A部はメタノール-水の会合部分と水の二成分系，B部は会合部分と水，メタノールの三成分系，またC部は会合部分とメタノールの二成分系から構成されることを示しています．水-メタノール系では最大3.5%，水-アセトニトリル系では約2%，水-テトラヒドロフラン系では約2.4%程度の減少がみられます．

移動相送液システムでの流量の減少は，高圧グラジエント法（図1）に限らず，低圧グラジエント法でも生じます．代表的な直列式ダブルプランジャーポンプでの低圧グラジエント法を図3に示します．プランジャー1の吸引時，バルブが設定された移動相組成になるように開閉します．溶媒は，一部混合されがらポンプヘッドに導入されますが，十分な混合ではありません．吸引後にプランジャーを動かして，ポンプヘッド内での混合なども試みられています．

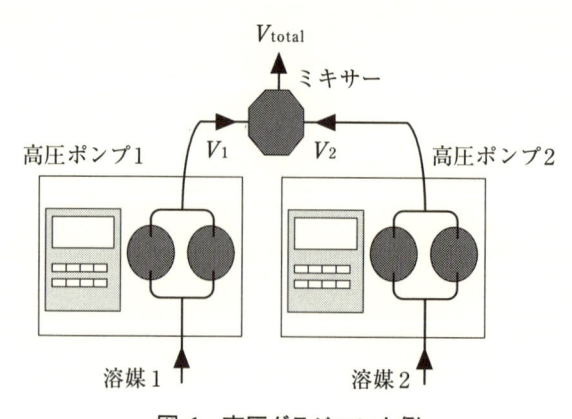

図1 高圧グラジエント例

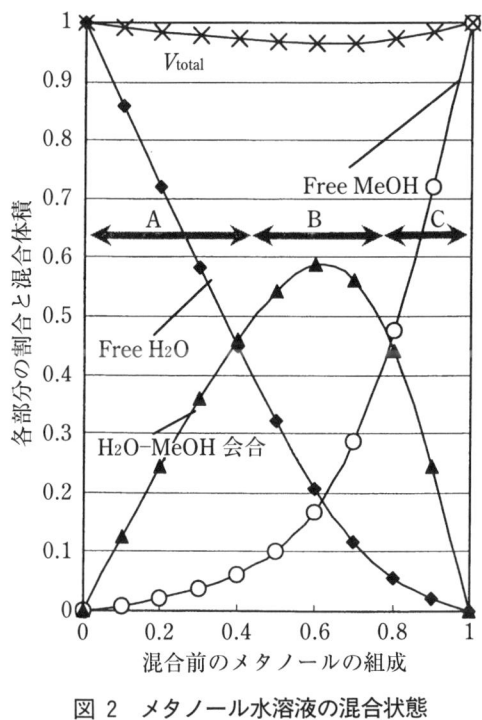

図2 メタノール水溶液の混合状態
（文献1のデータより作図）

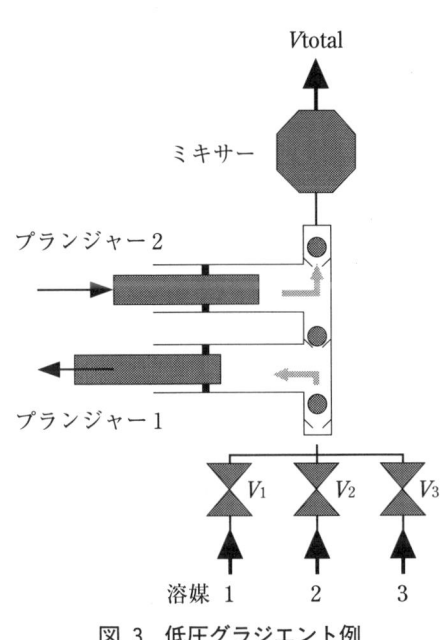

図3 低圧グラジエント例

　グラジエント時の流量精度[2]に影響を及ぼす因子は，混合での体積減少の他に，溶媒が加圧され吐出されるまでの時間遅れ，混合時の移動相粘性の変化による圧力変化，そして温度があげられます．吐出までの時間遅れは，HPLCで用いられる定容量ポンプでは，シール部などの体積変化と溶媒の圧縮率が原因としてあげられます．市販のほとんどのポンプは，この遅れによる流量減少を補正する機能をもっていますが，グラジエント分析では，移動相粘性が刻々変化するため補正は困難です．質量流量センサーや，与圧システムを採用したポンプ，また計量ポンプ＋加圧ポンプ方式などの送液システムでは，この誤差はかなり改善されるでしょう．また，水-メタノール混合では発熱（標準溶解熱 $\Delta H = -7.28\,\mathrm{kJ/mol}$）し，水-アセトニトリルでは吸熱することも留意しておく必要があります．

　HPLCではデータの再現性があればよいわけですが，グラジエントシステムでよく問題になるのは装置間の差です[3]．グラジエントミキサーの容量や方式を含め，使用している送液システムの動作原理や制御方法を把握することをおすすめします．

---

1) E.D.Katz, K.Ogan, R.P.W.Scot, *J.Chromatogr.*, **352**, 67(1986).
2) J.P.Foley, J.A.Crow, B.A.Thomas, M.Zamora, *J.Chromatogr.*, **478**, 287(1989).
3) L.R.Snyder, J.W.Dolan, *LCGC*, **8**, 524(1989).

Question 44

溶離液濃度を1分以内に**任意に連続的に変えられる濃度勾配溶出法**があれば，その方法を教えてください．

Answer

　短時間内に意図通りの連続的濃度勾配を実現するには，十分な流量変化が可能な送液ポンプと十分小さな容量の混合様式が必要です．これを実現できる装置は市販されていないようです．かつて，細いチューブに濃度勾配を形成しそれを押し出す方式や，複数の一押しポンプを使った方式が試されましたが，その制御が難しく，再現性をもつ濃度勾配溶出を実現するには至っていません．

　CCVG(Composition Controlled Versatile Gradient)方式を考えました．これは，市販の送液ポンプと適当な容量の強制拡販混合槽があれば実現できます．この方式では，濃度勾配作成原理として，一定容量の槽に一定流量を送液し溶液を切り替えると槽内の溶液容量比率は槽容量と流速とにより表される一定の方程式で変化することを利用しています．溶液の切り替え時間と組成を組み合わせれば，設定時間内に設定流量で設定組成の溶離液を槽から流出させることができます．

　次ページに四種の異なる組成の溶液を繋いだ流路図，溶液切り替え時からの溶液比と混合槽容量1mL，流速0.1mLでの槽内容量比変化図を示してあります．より具体的には，容量比曲線は流速と槽容量に規定されるので先ず流量を設定してから槽容量を決めること，溶離液組成は溶液の組成と切り替え時とに規定されるので溶液組成と切り替え時とを適宜選択することが必要です．このようにして条件を設定すれば，一定時間内に一定流量で意図通りの組成の溶離液をカラムヘッドへ導入できます．

　この方式は，条件設定が少々煩雑なこと，連続分析を行う場合初期条件にもどすのに時間がかかることなど問題がありますが，エクセルでマクロを使えば条件設定はそれほど面倒ではありませんし，初期設定への時間短縮もちょっと工夫すれば解決できます．一度お試しください．

　最近，径の細いプランジャーを使い，ストロークの短いポンプが市販されるようになりました．目的に合うポンプを選べば，これを利用できます．

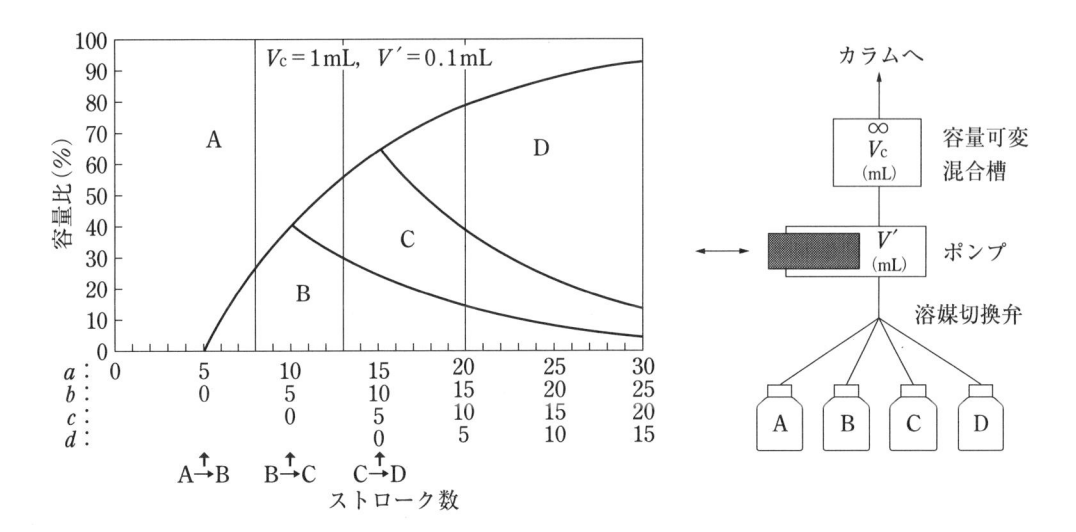

$V_c = 1\,\text{mL}, \quad V' = 0.1\,\text{mL}$

| A | : | B | : | C | : | D |
| (q^b) | : | $(q^c - q^b)$ | : | $(q^d - q^c)$ | : | $(1 - q^d)$ |

混合槽容量：$V_c\,(\text{mL})$
ポンプ一往復での吐出量：$V'\,(\text{mL})$
一往復の混合槽の溶媒交換率：$q = (1 - V'/V_c)$
切替時からのポンプストローク数：a, b, c, d

4章　検出・定量・データ処理

Question 45

最近，種々の比較的新しい検出系とHPLCの組合せが開発されています．これら検出系の長所，短所(限界)，開発動向などについて教えて下さい．

Answer

　hyphenated HPLCの長所は，市販されている単独の装置では得られなかった試料情報を得ることができたり，自動化，省力化，高精度化を容易にしたりする点です．例えば，ヒ素などの金属測定においては，それ自体には，HPLCで選択的な検出手段がないことから汎用性の高いUV/VIS検出器などで検出できるよう化学反応による誘導体化法などの処理が必要であり，その条件検討や試薬の管理など簡単ではありませんでした．また，原子吸光光度計(AA)，ICP-AESなどの装置では，総ヒ素の定量値しか得られず，どんな形態であるかはわかりません．そこで，HPLCをAAやICP-AESとhyphenated化することにより，誘導体化などの処理することなく高感度，高精度な形態別測定が可能となります．また，HPLCとGCのhyphenated例として，高分子添加物測定においてポリマーを直接HPLC装置に注入し，GC装置へ導入できないポリマーをHPLCにて分離し，添加物画分をGC装置へ導入することで添加物の個別定量が可能となり，必要であれば同時にポリマーの分子量分布を測定することもでき，まさにhyphenated HPLCによる大きな利点となります．同様にHPLCを前処理に使用した例として，LC-NMR，LC-MSなどのhyphenated HPLCでは，NMR，MSの試料前処理である分離精製，濃縮，脱塩，溶媒置換などの作業効率の向上をはかることができ測定の自動化，高感度化などが達成できます．医薬品の開発分野などでは注目され，装置も開発されています．

　一方，hyphenated HPLCの短所としては，システムが複雑になり装置の価格が高価になること，測定条件の最適化検討が必要になることです．

　将来は，既存の製品システムのhyphenated技術向上により，システムの一体化が進み，最適化条件もサポートされた汎用的なhyphenated HPLCが利用されてくるものと思われます．

Question

46 高感度検出を行うための溶離に用いる**水についての具体的な基準**を教えてください．

Answer

　HPLCに関する公定法としては，「高速液体クロマトグラフ分析通則(JIS K 0124)」があり，その解説に溶離液に用いられる溶媒の特性があげられておりますが，水についての具体的な基準については言及されてません．念のため，そこにあげられている溶離液の条件を以下に示します．
・試料を分離するために適切であること．
・カラム充填剤に対して不活性であること．
・試料を変質することなく溶解できること．
・検出器の作動に適しているものであること．
・塵埃を除去したものであること．

　また，水に関する公定法としては「化学分析法の水(JIS K 0557)」があり，化学分析用の水の種類，質およびその試験方法について規定されておりますが，詳細については本規格を参照してください．

　以上のように高感度分析を行うためのLC用の水としては具体的な基準は現在のところまだなく，純度(無機物，有機物)，イオン性，紫外部吸光性など，用途にあった品質の水を選択して用いる必要があります．一般的には市販のHPLC用蒸留水を用いれば十分と考えられます．参考として以下に溶離液としての水が直接的，または間接的に影響するトラブルについて例示致します．

[アミノ酸分析]
　大気中のアンモニアやアミン類のコンタミによる影響
　・ゴーストピークの発生
　・バックグラウンドの上昇
　・アンモニアプラトーなど

[イオンクロマトグラフィー]
　大気中の二酸化炭素などのイオン類のコンタミによる影響($1\,\mu S/cm$以下の電気伝導度の水が必要)
　・ベースラインのノイズやうねり
　・マイナスピークの出現など

Question 47

市販の紫外吸収検出器でより短波長側での測定をしたいのですが，**どの程度の波長まで測定可能でしょうか．**また，分離条件などで工夫できることはありますか．

Answer

　一般に市販されているUV検出器は，紫外線領域の光源として重水素ランプ(D2)が使われています．検出に適している波長領域としては190〜350 nm（〜600 nm位まで検出はできますが350 nm以上の波長ではタングステンランプよりもノイズが大きくなります．）ですが，短波長側になりますと，光学部品のUV吸収の増加や反射効率の低下が生じ，急激に光量が低下します．光量の低下はノイズの増加になりますから，使用されている検出器の波長-エネルギー特性を知っておくべきでしょう．

　さて，ご質問のどの程度までの波長まで測定できるかということですが，検出器としてはセル内が空気になっている場合は，通常190 nm程度まで設定し，ベースラインを測定することは可能です．この波長よりも短い波長領域（190 nm以下）では，光学系内の空気中酸素の影響により，ノイズが大きくなってしまい実用的に使用することはできません．その場合は，検出器の光学系内を空気から窒素ガスに置換することにより，酸素の吸収による影響を受けないようにして使用可能となることがあります．（もちろん検出器190 nm以下の設定ができ，光学系内を窒素ガスへ置換できる機構が用意されていることが必要です．）

　でも，セル内が空気で，ベースラインだけみることができてもHPLCの測定はできませんね！そうです！もうお気づきのように，移動相に使用する溶媒がどの波長領域まで，どれくらいの量の紫外光を吸収するかが，測定可能か不可能かを決める最大の要因となります．

　溶媒のUV透過限界波長が記載されている表を示します．このUV透過限界の波長は，光路長1 cmでの透過率が10％（吸光度1）となる波長を示している例で目安と考えていただいた方がよいでしょう．同じ種類の溶媒でも等級や溶媒に添加されている添加剤の種類や量，さらに試薬メーカーの違いなどでそのUV透過限界波長は異なります．一般的には，一級よりも特級，特級よりもHPLC用グレードの溶媒の方が短波長領域の透過率がよくなります．また，溶媒の種類によっては添加剤に注意する必要があります．

　THF（テトラヒドロフラン）やエチルエーテルなどのエーテル系溶媒は抗酸化剤としてBHT（3,5-ジ-$tert$-ブチルヒドロキシトルエン）という成分が添加され，強いUV吸収をもっています．そのため，THFをより短い波長領域で使用するためには，添加剤の入っていないタイプの溶媒を選択する必要があります．

　では，短波長領域で検出するための工夫をいくつかお教えします．

分離条件の変更

逆相系のカラムを用いて測定している場合は，通常メタノール-水，アセトニトリル-水やTHF-水などの混合溶媒に緩衝液やイオンペアー試薬などを使用し，分離条件を設定していることが多いと思います．

ここで表を見てください．メタノールのUV透過限界波長は，205 nm です．アセトニトリルは 190 nm です．もし，現在の条件がメタノール-水の混合溶媒である場合は，より UV 透過限界の波長が短波長領域まであるアセトニトリル-水の混合溶媒系に変更（現在と同じ保持時間で溶出させたい場合は混合比率を変更することになります．また，複数の成分の分離を行っている場合は，分離係数 α が変化しますのでピークの同定などには注意してくださいね！）することにより，より短い波長での検出ができるようになります．さらに，同じメタノール-水の混合溶媒でも水の割合を多くしても分析できる条件すなわち，メタノール-水(80：20)よりもメタノール-水(40：60)で測定できる方が，より短い波長領域まで設定できる可能性があります．

でもこの場合は，現在使用しているカラムでは目的成分の溶出時間が遅くなってしまうため，早く溶出させるタイプのものに変更する必要が生じることがあります．例えば，シリカC18 のカラムをシリカ C8 にするとかなどです．条件変更による影響で分離ができなくなるなど，不適当な場合もありますので注意してください．

もう一つ，緩衝液を使用している場合は，その塩にも UV 吸収があることを忘れてはいけません．特に酢酸やトリフルオロ酢酸などの有機酸系はリン酸系よりも短い波長での UV 吸収が大きくなります．

なお，溶離液を連続して脱気できるインラインの脱気装置は接続してある方がよいでしょう．

検出器のセルの光路長の変更

検出器のセルには，いくつかセルの光路長を短くしたものが準備されていることがあります（機種やメーカーによっても異なります）．分析用のセルの光路長は，通常 10 mm が多く採用されていますが，5 mm や 1 mm，0.1 mm などの分取クロマトグラフィー用のセルなどが用意されていることがあります．これらの光路長の短いセルを使用する方法もあります．しかし，セルの光路長が短くなるということは，目的成分の感度も低下することになります．短波長で検出することによる UV 吸収の増加とセルの光路長が短くなることによる溶媒の UV 吸収の減少によるノイズの低減の兼ね合いとなります．

いずれにしても，UV 検出器を使用して，より短波長領域での検出を行う場合は，分析目的成分の測定条件を検討する最初の段階から，これらを考慮した条件の設定が必要とます現在すでに長波長側で検出している条件をそのまま短波長領域に適用することは，いろいろと変更しなくてはならないことが多く，あまり実用的ではありません．

UV 短波長での検出は，糖やアルコールなどの検出ができますが，感度や選択的な検出という意味ではあまり好ましくありません．HPLC の検出としての基本的な戦略としては，安定した分析ができて，かつ分析精度が高く，妨害成分の影響などの受けにくい測定を行うためには，

より選択的かつ高感度な検出波長の設定や検出方法を採用した測定条件を検討することをおすすめします．

表 1　移動相溶媒の物理化学的性質

溶　　媒	粘性率 (mPa s ; 20°C)	UV 透過限界 (nm)	屈折率 (20°C)	沸　点 (°C)	比誘電率 (20°C)
ペンタン	0.24	200	1.357	36.1	1.84
ヘキサン	0.31	200	1.375	68.7	1.890
ヘプタン	0.42	200	1.388	98.4	1.92
ノナン	0.72	200	1.405	150.8	1.972
デカン	0.92	210	1.412	174.1	2.1
シクロヘキサン	0.98	200	1.426	80.7	2.023
ベンゼン	0.65	278	1.501	80.1	2.284
トルエン	0.59	284	1.497	110.6	2.379(25)
o-キシレン	0.81	288	1.505	144.4	2.568
m-キシレン	—	290	1.496	138.5	2.270
ジクロロメタン	0.45(15)	233	1.424	39.8	9.08
クロロホルム	0.58	245	1.446	61.2	4.806
四塩化炭素	0.97	263	1.460	76.8	2.238
トリクロロエチレン	0.57	273	1.477	87.2	3.4(16)
テトラクロロエチレン	0.93(15)	295	1.506	121.2	—
塩化 n-ブチル	0.47(15)	220	1.402	78.4	—
クロロベンゼン	0.80	287	1.525	131.7	2.708
二硫化炭素	0.37	380	1.626	46.3	2.6
酢酸メチル	0.37	260	1.362	56.3	—
酢酸エチル	0.46	256	1.372	77.1	6.02(25)
酢酸 n-ブチル	0.73	254	1.394	126.1	—
アセトン	0.30(25)	330	1.359	56.3	20.7(25)
エチルメチルケトン	0.42(15)	329	1.379	79.6	18.5
イソブチルメチルケトン	0.54(25)	334	1.396	116.5	—
ジエチルエーテル	0.24	218	1.352	34.6	4.335
テトラヒドロフラン	0.55	212	1.407	66.0	7.6
1,4-ジオキサン	1.44(15)	215	1.442	101.3	2.209(25)
炭酸プロピレン	—	—	1.419	240.0	—
メタノール	0.55	205	1.328	64.7	32.63(25)
エタノール	1.20	210	1.361	78.3	25
1-プロパノール	2.26	210	1.386	97.2	20.1(25)
2-プロパノール	2.86(15)	205	1.377	82.3	18.3(25)
2-メトキシエタノール	1.72	210	1.402	124.6	16.9
1-ブタノール	2.95	215	1.399	117.7	17.8
2-エトキシエタノール	2.05	210	1.408	135.6	—
アセトニトリル	0.34(25)	190	1.344	81.6	37.5
ジエチルアミン	0.38	275	1.387	56	—
N,N-ジメチルホルムアミド	0.92	268	1.430	153.0	36.7
N,N-ジメチルアセドアミド	2.14	268	1.438	166.1	37.8
ピリジン	0.95	330	1.510	115.3	12.3(25)
ジメチルスルホキシド	2.20	286	1.478	189.0	45.0(25)
酢　酸	1.31(15)	—	1.372	117.9	6.15
水	1.00	<190	1.333	100.0	78.54

日本分析化学会関東支部編, "高速液体クロマトグラフィーハンドブック, 第 2 版", p.110 より抜粋, 丸善(2000).

Question

48 ハードウエアが主な原因となって生ずる可能性のある**検出ノイズ**にはどのようなものが考えられますか．原因とその見つけ方を教えてください．

Answer

　検出ノイズの原因には，種々あり，その中でハードウエアが主な原因となっていると想定されるものとして，①〜⑥が考えられます．
　① 検出器によるもの
　　・光を利用している吸光光度計，蛍光光度計などでは光源ランプ輝度の変動
　　・電源変動，高周波による出力信号への影響
　　・セル部，光学系のコンタミネーションによるバックグラウンド変動
　　・セル部の温度ドリフト，温度調節ヒータ電流のオンオフによる変動
　　・電気回路部(素子)不良による電気ノイズ
　　・セル部への気混入によるバックグラウンド変動
　② 送液ポンプによるもの
　　・送液流量の変動(脈流)によるバックグラウンド変動
　　・移動相液交換における置換不足によるバックグラウンド変動
　③ カラムによるもの
　　・試料などによるカラムのコンタミネーションから発生するバックグラウンド変動
　　・移動相液交換における置換不足(気を含めて)によるバックグラウンド変動
　　・カラム充填状態の不良によるバックグラウンド変動
　④ カラム恒温槽によるもの
　　・温度調節ヒータ電流のオンオフ(電源ノイズ)による出力信号変動
　⑤ データ処理装置や信号ケーブルラインによるもの
　　・信号端子，信号ケーブルの接点不良による出力信号の変動
　　・入力信号処理電気回路不良による電源ノイズ
　⑥ 室内の空調のオンオフ
　例えばプランジャーシールからの液漏れが生じていて，脈流が大きくなっているところへ不純物の多い移動相を使ってしまったなど，必ずしもノイズの原因は一つに限りません．焦らず，条件を変更しては現象を観察する作業を繰り返して行けば，必ず見つかります．
　送液系のトラブルを早く見つけるためには，使用しているポンプのシリンダーの1回の吐出量を知っていると便利です．流速を変化させシリンダーの駆動周期とノイズの周期が一致するかどうかを確認します．気泡によるノイズは，セルの出口に数百 kPa 程度の背圧がかかるように抵抗管をつけますとノイズの状況が変わります．RI 検出器などでは，セルの耐圧に注意してください．

Question

49 S/Nを2倍向上させる，考えられる手段を教えてください．

Answer

　S/Nは，文字通りS：signal(信号)とN：noise(雑音)の比で，かつては検出限界や定量限界を示す値として利用されていました．しかし実際の試料ではマトリックスの状態により分離が悪くなったり，バックグラウンドが上がったりする訳ですから，アナライト(測定対象成分)を溶媒に添加しただけのきれいな試料とは状況が変わってきます．検出限界は，アナライトがマトリックス中にあるかないかを統計的に識別する手法に，また定量限界は，定量値の精度を保証する手法に変わってきております．

　実際の測定では以上のことを考慮する必要がありますが，ここでは単純に同じ液体クロマトグラフを用いた場合を想定して，Sを増やし，Nを減らす工夫について考えてみましょう．

シグナルを大きくする

　① ピークをシャープにする．⇒ 理論段数の高いカラムを用い，カラム長さを短くする．移動相条件を変更し，溶出時間を短くするなどが考えられます．溶出時間が半分になりますとピーク高さは，約$1.4(=\sqrt{2})$倍高くなります．

　② 注入量を増やす．⇒ 注入量に比例して感度は増えますから，微量分析では有効な手段です．しかし注入量の増加にともない注入バンドが広がり，その結果，ピークがブロードになり思うような感度向上や分離が得られなくなります．グラジエント法やカラムスイッチング法を用いて，バンドフォーカッシングを行いますと大量注入も容易に行えます．

　③ 内径の細いカラムを使用する．⇒ 試料量がわずかしかない場合は，移動相による希釈を減らすことができます．吸光度検出器などの濃度感応型検出器では有効な方法です．

　④ その他 ⇒ 吸光度検出器では吸収の大きな波長を使用することが前提ですし，ベールの法則により感度はセルの光路長に比例します．またアンペロメトリー方式の電気化学検出器など，移動相の流速に依存するものもあります．使用されている検出器の特徴を理解して最適化してください．

ノイズを減らす

　① ハードウエアに起因するノイズやトラブルの見つけ方と対処⇒ **Q 48**を参照してください．

　② 検出器の条件 ⇒ D2ランプを用いたUV/VIS検出器では，220 nm以下の短波長側や280 nm以上では光量が大きく減少します．目安ですが光量が半分になると，ノイズは1.3～1.4倍増えると思ってください．移動相中の不純物や添加剤，溶存空気，金属イオンの存在により，感度(S)の低下とノイズ(N)の増加が生じる場合があります．電気化学検出器，蛍光検出器等の高感度検出器では，特に注意を払う必要があります．

Question

50 有効な発色団をもたない化合物の検出には**間接検出法が有効**だといわれています．その原理を教えてください．

Answer

　間接検出法は，分析対象成分の濃度に依存した信号を直接測定することが困難な場合に，移動相組成を工夫して使用している検出器(電気伝導度検出器，吸光光度検出器，蛍光光度検出器など)でのバックグラウンドを高くしておき，分析対象成分がセルを通過するさいにバックグラウンドを下げる減少分を検出する方法です．したがって，通常ではマイナスにピークとして出現することから，ポーラリティーを反転させてデータ処理器に信号を入れるようにします．注意点としては，

　① バックグラウンドの高さのレベルを使用している検出器の直線性がある範囲内に設定すること．

　② バックグラウンドが高く設定してあることから，移動相流量，温度などの変動をできる限り少なくしておくこと．

　③ 検出の選択性が乏しいことから，分離を十分はかるようにすること．

Question

51 RI 検出器は UV 検出器や蛍光検出器に比べてベースラインドリフトが大きい場合が多いようです．RI 検出器の **ベースラインを安定させる** にはどんな点に注意すればよいでしょうか．

Answer

　RI 検出器は，分析対象成分と移動相溶媒との示差屈折率の差を検出しており，移動相組成や線速度の変動により大きくバックグラウンドが変化する．したがって，混合溶媒の移動相では，均一になるよう十分に混合，撹拌をしておく必要があります．移動相溶媒を別々の容器に用意してグラジエント装置を利用して一定組成の溶離液をつくることは，RI 検出器ではすすめられません．

　また，屈折率は，温度依存性があるためセル温度の変化により，ベースラインの変動をもたらします．高感度や安定化時間を短くするためには測定している環境温度の変化に影響されないようセル部の温調をすることが望まれます．（エアコンのそばには装置を置かない）使用する装置の中で，送液ポンプは，吸引・吐出による圧力変動から移動相の線速度が変動し，その周期に同期したベースラインノイズが生ずるので低脈流のものを使用することが望まれます．

　溶離液中の溶存空気でも，屈折率は変化します．アスピレーターによるオフライン脱気はすすめられません．デガッサーをご使用ください．

Question 52

アミノ酸分析計に蛍光光度計をモニターとして用いて分析しましたが，**所定の感度が得られません．**原因と対策について教えてください．

Answer

　OPAポストカラム誘導体化法を例にお答えいたします．分離状態が正常で所定の感度が得られないという場合，原因は次のことが考えられます．ただし，ここでは分析条件の設定ミスは除き，装置例の異常だけについての話に限っておきます(反応試薬の作製ミス，波長設定ミス，感度設定ミスなども当然除きます)．

　① 反応試薬の送液異常
　② 試薬劣化
　③ 注入の異常
　④ 蛍光検出器の異常
　⑤ 試料の劣化
　⑥ 温度の影響

簡単にできるチェック方法のみをここでは示します．

　①について：反応試薬が送られていないときは，当然感度低下が起こります．流量のチェックを行いましょう．検出器の出口で，例えば10分間の溶出液量をはかるという方法がよいと思います．分離が正常ですからこの場合移動相流量は正確です．もし，出口での液量不足であれば反応試薬異常ということになります．

　②について：反応試薬は用時調整を基本としてください．例えば，1週間以上放置した試薬は劣化の可能性があります．

　③について：通常のアミノ酸分析計(あるいはシステム)においてはオートインジェクターを用いています．装置ごとにチェックの方法は違いますが，まず注入動作を行ってみて目で見てわかる部分について異常がないか調べてみましょう．マニュアルインジェクターがあればそれで注入してみるのも一つの確認方法です．

　④について：ランプエネルギーの低下などを疑って使用時間のチェックをしましょう．あるいはランプの位置調整などをやりなおすことも一つの策です．最終的にチェックを行うのは水のラマンの波長 S/N 比を測定します(取扱説明書に通常記載されています)．

　⑤について：アミノ酸そのものの分解，酸化などによってピークの大きさが変わることもあります．特にグルタミンは標準溶液を粉末から作製直後に注入する必要があります．

　⑥について．反応管を入れている恒温槽の異常が考えられます．また，蛍光検出器の室温変化などによるセルの温度変化により若干感度変化が生じます．

Question

53 多波長検出器について教えてください．また，物質の同定，定量を行う場合の注意点としてどんなことがありますか．

Answer

いわゆるフォトダイオードアレイ検出器について説明します．

LCにおける定性は保持時間によるのが通常です．標準溶液で保持時間を確認し，実試料注入時にその時間近くにピークがあればその物質であると同定されます．しかし，そのピークが本当にその物質であるかどうかということについてさらに確認する手段を与えてくれるのがフォトダイオードアレイ検出器です．図1に得られる3次元クロマトグラムの概念図を示します．得られる情報は波長軸の加わった3次元的情報になります．下図のように通常の1波長の検出器で得られる2次元的クロマトグラムは断面図Aということにないます．断面図Bはその時間の溶出物のスペクトルを表します．ピーク頂上のスペクトルを標準品と比較し定性確度をあげることができるわけです．また，ピークの立ち上がりから終了点までのスペクトルを比較してそのピークの単一性を評価することもあります．

その他の利用法も含めて利点をまとめますと，

① 保持時間以外にスペクトル比較で定性ができる．
② ピークの単一性の評価ができる．
③ 一波長では存在がわからなかった成分を発見することができる．
④ 目的成分が複数の場合，それぞれの成分の最適波長で定量ができる．
⑤ 条件がととのえば時間的に重なる複数のピークの定量を計算により行うことができる．（連立方程式を解く．）

利用上の注意点ですが，物質のスペクトルは移動相（環境）によって変わるということは理解したうえで使われることは大事だと思います．分析条件が決まった上でのスペクトル比較ですので標準品なしでスペクトルのみから定性ができるということはないと考えておいた方がよいと思います．

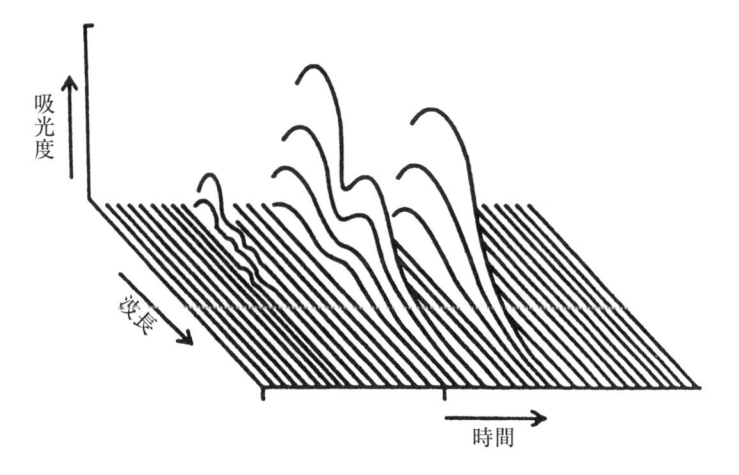

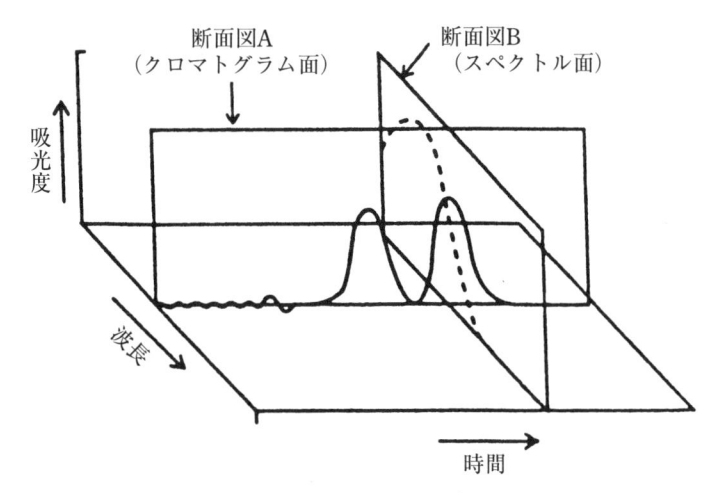

図1 3次元クロマトグラム

Question

54 蒸発光散乱検出器の原理と特徴について教えてください.

Answer

　図1は蒸発光散乱検出器の原理を模式的に示したものです．カラムから溶出したサンプルを含む溶離液は，ネブライザーで霧化され，さらに減圧下で気化されます．そのさい溶液に含まれる不揮発性の成分（サンプル）は細かいチリとなり，ディテクションチャンバーで散乱光を生じ検出されます．

　図2は気化部分を拡大したものです．溶離液とガスを混合し，細いノズルから噴出させることにより，霧化を促進します．

　図3は検出部の拡大図です．光源から出たレーザー光は試料により生じたチリと衝突し，散乱光を生じます．その散乱光の強度を測定し，試料を定量することができます．

　以上が蒸発光散乱検出器の検出原理です．蒸発光散乱検出器は溶離液に塩類を添加できないなどの制約はありますが，糖類や高分子類のグラジエント分析をはじめとする紫外，屈折率検出器での検出が困難な場合に威力を発揮します．ほとんどの物質の検出が可能ですが，生成するチリを検出するため，被検物質の極性，沸点などの違いによって検出感度が異なってきます．また，広い濃度範囲での定量が可能ですが，検量線は直線にならず，多点検量をする必要があります．

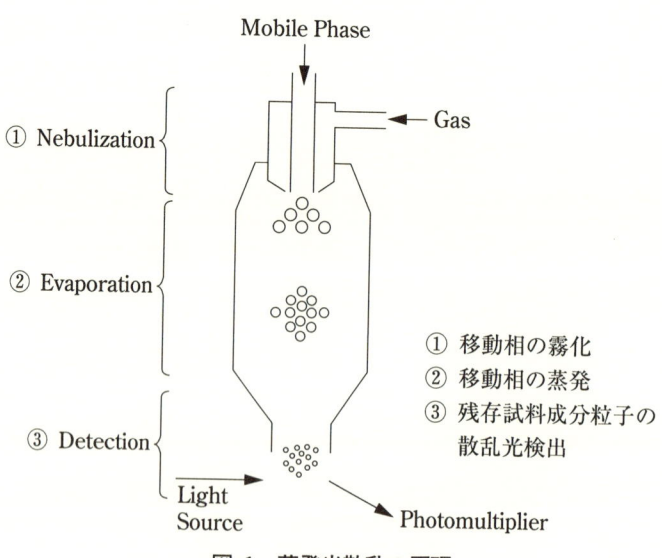

① 移動相の霧化
② 移動相の蒸発
③ 残存試料成分粒子の散乱光検出

図1　蒸発光散乱の原理

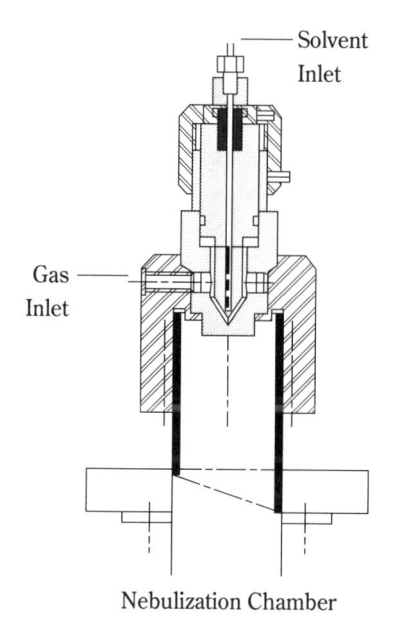

図 2　気化部分（ネブライザー）拡大図

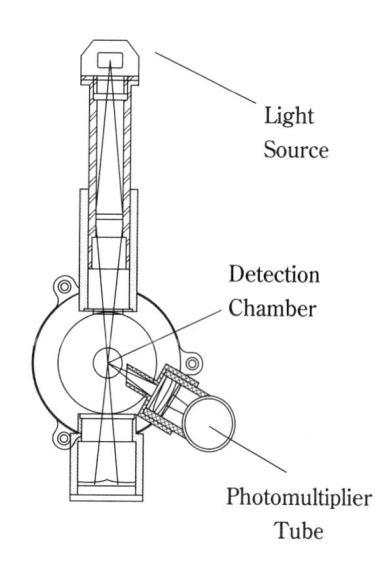

図 3　検出部の拡大図

Question 55
ポストカラム誘導体化法とプレカラム誘導体化法について教えてください．

Answer

　液体クロマトグラフィーの検出器には様々なものがあり，測定を目的とする物質が，その検出器に応答するような化学構造をもっていれば，そのまま検出できます．しかしながら，適当な応答性の構造をもっていなかったり，たとえそのような構造を有していても，それを利用したのでは十分な感度が得られない，といった場合が多くあります．このような場合に，検出器への応答性を向上させる目的で，様々な誘導体化法が工夫されることになります．

　誘導体化には，目的の化合物の特定の反応性官能基(例：アミノ基，水酸基，カルボキシル基，など)に，検出器への応答性の高い官能基(紫外部，可視部あるいは蛍光発色団など)をもった試薬を結合反応させる場合と，目的化合物自身を，酸化，還元，分解などの反応によって応答性の高い構造物に変換する場合とがあります．前者の場合には，特定の官能基をもつ化合物には一律に発色団が導入されるため，同じ官能基を有する一連の類縁化合物を同時に測定するのに適しています．一方，後者は，かなり限定された化学構造に対して行われるため，前者よりも選択性の向上が期待できます．そして，このような誘導体化法は，大別すると，ご質問にもありますように，"プレカラム誘導体化法"と"ポストカラム誘導体化法"とに区分することができます．それぞれは文字どおり，カラムの"前"と"後"という意味ですから，プレカラム法とは，試料をカラムに注入するに先立って試料に対して誘導体化を行うことをいい，ポストカラム法とは，カラムから溶出した溶出液に対してオンラインで誘導体化を行うことをいいます．そしてそれぞれのための誘導体化試薬が多く市販されており，測定目的，装置の構成，コストなどを考慮して選択することになります．それでは，その選択にあたってのポイントについて説明します．

　表1に，プレカラム誘導体化法とポストカラム誘導体化法の特徴を対比させながらまとめてみました．当然のことながら，誘導体化試薬(反応)によっては，それぞれの方法に専用のものから，両方法に適用可能なものまであります．また，同じ化合物が対象となる場合でも，誘導体化法しだいで分離モードが大きく変更される必要があります．例えばアミノ酸分析で，ポストカラム法ではイオン交換モードの分離系，プレカラム法では逆相モードの分離系との組合せといった具合にです．最近では，プレカラム法の自動化のための装置(オートサンプラー)も比較的容易に購入できるようになっていたり，ポストカラム法に用いる反応管(テフロン管)の巻き方によってピーク拡散を抑制する工夫が提案されたりしており，それぞれの方法の短所が克服され，両方法を選択するのにあたっての明確な差は小さくなってきているといっていいでしょう．

しかしながら，実試料の測定をする場合に十分留意しなければならない点について，アミノ酸分析を例にとって述べておきます．アミノ酸分析には，従来からポストカラム法による装置が多く市販されてきましたが，最近ではプレカラム法のものもよく利用されるようになっています．プレカラム法では，試料中の目的物質の量に対して，十分過剰量の試薬が加えられなければなりません．ここで，タンパク質加水分解試料のような場合は試料中に含まれるアミノ酸量をある程度把握することが可能ですから，誘導体化反応に用いるべき試薬濃度を設定することが容易です．ところが体液中アミノ酸などのように複雑なマトリックス中では，共存する他のアミノ化合物にも試薬が反応するため，あらかじめ標準アミノ酸を用いて定めた試薬濃度では不十分な場合が生じます．また，試料中にきわめて高濃度の特定アミノ酸が含まれているような場合にも，他のアミノ酸にとっては同様な条件下に置かれることになります．このような場合，定量値はまったく信頼できなくなると考えてよいでしょう．その点，ポストカラム法では，共存物質が妨害ピークとして出現する，高濃度の特定のアミノ酸のピークの定量性が損なわれる，といったことは生じても，他の成分の定量値には十分信頼性があります．このように，標準物質での基礎的な検討と，実試料分析とでは異なってくる局面にも留意して，誘導体化法を選択する必要があります．

表 1　プレカラム誘導体化法とポストカラム誘導体化法の特徴の比較

プレカラム誘導体化法	ポストカラム誘導体化法
最も簡便な装置で可能	装置が複雑化する
自動化には特別な装置が必要	自動化が容易
誘導体化反応に要する時間が長くても可能だが，その場合全体としての分析時間は長くなる	ある程度速い反応が必要，全体としての分析時間が短縮される
反応条件設定に，カラムでの溶離条件をそれほど考慮しなくてよい	溶離条件が反応条件に大きく影響
反応がほぼ定量的であること	反応が中途の状態でも検出可能
反応生成物が単一であること	反応生成が複雑でも可能
反応生成物が安定であること	反応生成物が多少不安定でも可能
試薬ブランク（過剰試薬や試薬分解物）が目的物と明確に分離可能であること	試薬ブランクが検出器に応答する場合は極力小さくする必要があるが，応答がなければ影響しない
試薬の消費量が少ない	試料の消費量が多い
試料の損失がある	試料の損失がない
試薬溶液による試料の希釈はほとんど無視できる	試薬溶液による希釈やピーク拡散が生ずる

Question

56 重なったクロマトピークの各成分を定量するよい方法 を教えてください.

Answer

　重なったピークの各成分を定量する方法は，いくつかあります．ピークの重なり具合や大きさの比，また，各成分のスペクトル情報があるかないかなどによって，その方法を選ぶことになります．

面積，高さのどちらがよいか？

　定量計算にピーク面積とピーク高さのどちらを用いた方がよいかは，測定条件や得られたクロマトグラムの分離の度合い，重なっているピークの大きさの違いによって異なってきます．

　一般的に分離のよいクロマトグラムでは，ピーク面積を用いて定量している方が多く採用されています．しかしながら，重なっているピークの大きさに差がある場合は，ピーク面積では，正確さが低下することがあり，ピーク高さを用いた方が正しい結果を得ることができることがあります．図1に示したように分離の悪い重なり合っているピークが同じ大きさである場合は，ピークの谷を垂直分割しそれぞれのピークの面積を算出しても問題はありませんが，図2に示したようにピークの大きさの比率が異なる場合は，小さなピークの面積値の誤差が大きくなります．このような場合は，ピーク面積よりもピーク高さを用いて定量した方がより正確な結果を得ることができることがあります．

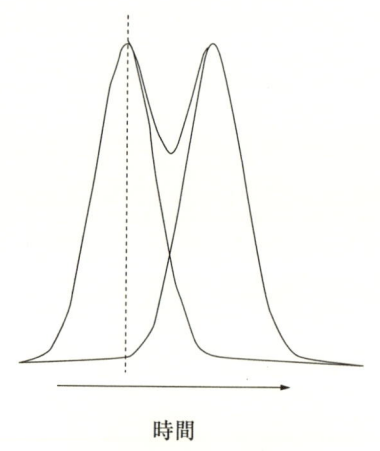

図1　標準偏差の3倍分離した二つのピークの重なり

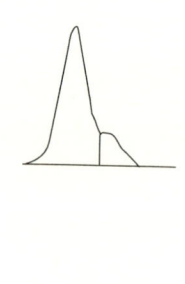

図2　不分離ピークの分離

時間

計算を用いた不分離ピークの定量方法

不分離な重なったピークをコンピュータによる計算を用いて分離させる手法があります．その方法は，① 不分離な各ピークをガウス分布しているとして計算し，分離する方法，② クロマトグラムの重なり合ったピークが異なったスペクトル成分である場合は，多波長検出器（フォトダイオードアレイ検出器）により得られた各成分のスペクトルを利用して計算する方法があります（図3）．

これらの方法は便利に利用できる場合がありますが，また，問題点もあります．①はピーク形状が悪い場合は，誤差が大きくなり，②の方法では，三つ以上のピークが重なっている場合や目的成分のスペクトルが得られればよいが，未知の不純物成分のスペクトルが正確に得られない状況では，誤差が大きくなります．また，スペクトルが同じ同族体などでは，スペクトルを利用する利点がありません．その特徴を十分に生かすためには，適用しようとするクロマト

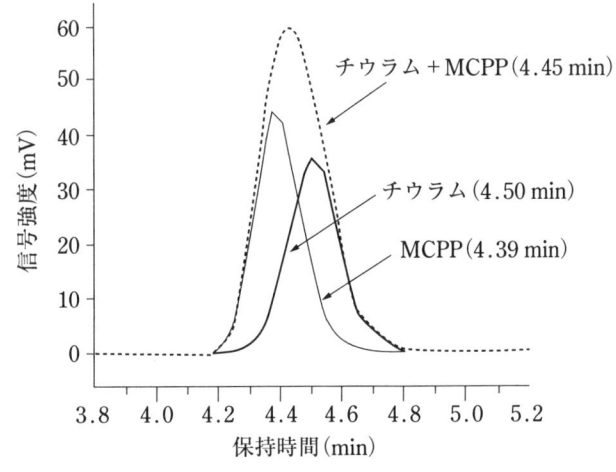

図 3A　230 nm におけるクロマトグラムと3D デコンボリューション結果

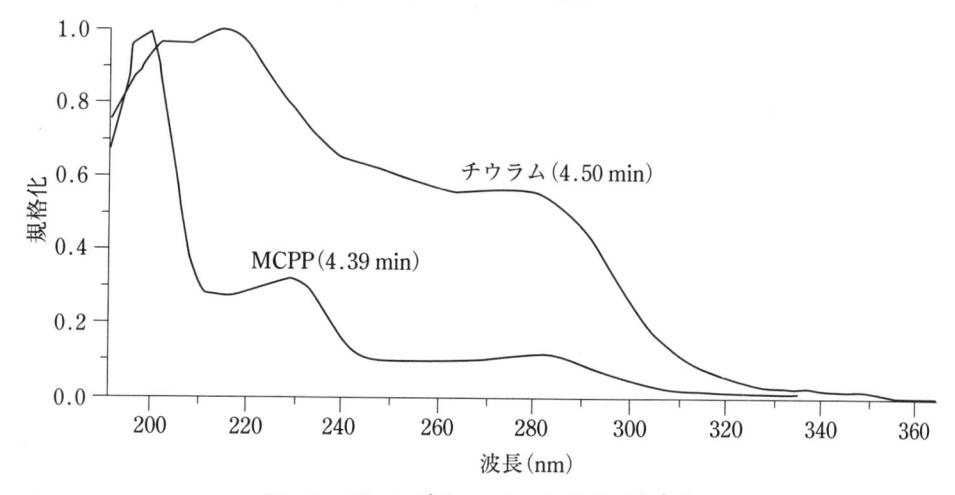

図 3B　デコンボリューションススペクトル

グラムの状況を把握する必要があります．

いずれにしましても分離分析においては，重なったピークを定量するよりも，十分に分離したピークを用いて定量した方が，誤差の少ないよい結果を得られます．クロマトグラファーとしては，測定目的成分の完全分離ができることを目標に分離条件を検討することをおすすめします．

選択的検出による方法

そういえば，もう一つ分離不十分な成分を定量する方法があります．この方法は利用できる場合とできない場合があります．これは，選択的な検出を利用する方法です．図4は，UV検出器を利用して検出した場合にピークが重なってしまった例です．重なり合った成分のスペクトルが違っている場合で，かつ定量目的成分が重なり合ってしまったピークのスペクトルと比較した場合，特異的に検出できる波長領域をもっている必要があります．この場合，定量の必要がない成分だけを検出できる波長を選択し，検出することにより妨害する成分の影響をなくして定量することが可能です．この方法では，一つの成分しか定量できませんが，分離条件をいろいろ検討することなく，検出波長を変更するだけで精度よく検出できるので利用できそうでしたら試みてください．ただし，この場合は，重なり合った成分のスペクトル情報を得る必要があります．

このように，選択的な検出ができれば，究極には分離する必要がありません．現在，質量検出器(LC/MS)を利用することにより，クロマトグラムとして分離できなくても，質量別に検出することにより，これに近いことができるようになってきています．

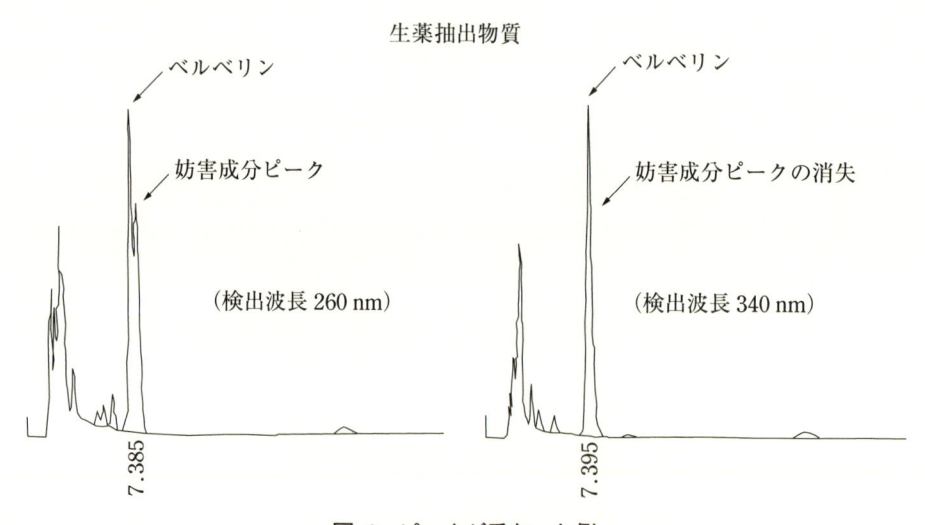

図4 ピークが重なった例

Question

57 ピーク面積法とピーク高さ法の使い分けを教えてください.正確な定量分析を行う前提条件としてピークの面積,の再現性の目標の設定は.

Answer

　定量分析は,あらかじめ標準液を使用し,ピークの面積または高さを濃度に対してプロットして得られた検量線を作成し,試料中の目的成分のピーク面積または高さからその濃度を求めるという方法で行われます.通常のデータ処理装置を使用する場合はピーク面積から定量分析を行うことが多いようです.試料注入量を変えることでピークの幅が変化したり,試料中のマトリックスの影響を受けたり,ノイズや脈流によってピーク形状が歪む場合にはピーク面積法が有利であることはいうまでもありません.しかし,HPLC 用のの検出器には濃度応答性のものが多く,試料注入量が一定で,ポンプ流量が安定し,ピークの重なりがあまり顕著でなければ,ピーク高さ法の方が簡便で,しかも,精度の高いこともあります.したがって,組成のほとんど変わらない試料のルーチン分析にはピーク高さ法を内標準法と組み合わせて用いるのが便利でしょう.

　繰り返し再現精度については,通常市販のオートサンプラーを用いると相対標準偏差(RSD)で 0.3% 前後の値が得られます.しかし,①日内変動,②日間変動,③施設間変動は一般に①＜②＜③の順で大きくなり,標準液や溶離液を同一のものにするなど,よく管理しても③施設間変動を 0.5% 以下にすることは難しいようです.液体クロマトグラフィーをその原理とするアミノ酸分析専用機では,ロット管理された市販の充填カラムおよび溶離液を使用することで,標準試料中の特定の成分に対して日内変動の RSD 1.5% を保証していますが,標準試料中の特定の成分でも②日間変動あるいは③施設変動 1.5% 以内をその目標にしたいところですが,現状では実試料で 5% 以内であれば良とすべきでしょう.

Question

58 クロマトデータ処理装置自体に関する**データの信頼性，精度などのバリデーション**はどのようにしたらよいでしょうか．

Answer

　メーカーによってハードウエアバリデーションへの取り組み方に違いがありますが，電圧発生器を用いてバリデーションを行うときの手法，出荷時の性能評価時の合否の境界の数字が示されていることが多いようです．一例として一機種のバリデーションの項目と許容差を示します(電圧発生器の時間精度の正確さを±1%以内と仮定した場合)．

① ゼロ点　−750〜750 μV
② スパン　992 000〜1 008 000 μV
③ ゼロ調　−96〜96 mμV
④ 直線性　−0.1〜0.1%
⑤ スロープテスト　1〜70 μV/min
⑥ 正確さ(面積)　−2〜2%
⑦ 正確さ(高さ)　−1〜1%
⑧ 正確さ(リテンションタイム)　−1〜1%
⑨ 範囲(面積)　〜1%
⑩ 範囲(高さ)　〜1%
⑪ 範囲(リテンションタイム)　〜2%
⑫ 繰り返し性(面積)　〜0.1%
⑬ 繰り返し性(高さ)　〜0.5%
⑭ 繰り返し性(リテンションタイム)〜0.8%

　⑥〜⑭は10回測定の結果から求めます．正確さは平均値から真の値を引いたものを真の値で除したものを%表示したものです．範囲は最大値から最小値を引いたものを真の値で除したものを%表示したものです．繰返し性の数字は変動係数です．

Q: 最近,データの処理装置が市販されています.検出器,信号処理部分との接続方法の違いと,その長所,短所について教えてください.

A: 一般的に次の二つの接続方法があります.①検出器のインテグレーター端子に接続する,②検出器のレコーダ端子に接続する.

インテグレーター端子の利点は測定レンジが広いことです.低濃度から高濃度の広いレンジの試料を連続的に測定する場合こちらが適当でしょう.そのかわり,データ処理器側に感度を変える機能を要求します.

レコーダ端子の利点は,検出器側で小刻みに感度を変えることができることです.それから,通常 1mV 出力に対応する吸光度 Abs で設定しますのでクロマトグラムの縦軸の吸光度が計算しやすいという特徴もあります.

Q: データプロセッサーの定量精度 R_s 値に対してどの程度保証されていますか.

A: メーカー,機種によって違いがありますが一例として一機種の数字を示します.変動係数は,面積 0.1% 以下,高さに対して 0.5% 以下,リテンションタイム 0.8% 以下です.

5章 HPLC装置

Question

59　HPLCの設置場所の温度制御は，どの程度が適当ですか．

Answer

　再現性の許容範囲，定量・定性限界により温度制御の程度，設備は違います．一般的には，空調設備のある研究室で，空調の風があたらない所で，直接陽のあたらない所が好ましく，ドアの近くはあまり好ましくありません．

　カラムも外気に触れないように，適当なもので覆うだけでも再現性はよくなります．より具体的に記述しますと，温度変化の影響は以下のようにいくつか考えられます．

　① 移動相の密度(粘度)変化により背圧が変わる．すなわち，流速が変わる．
　② 温度変化により，分析対象物質の分配係数が変化し分離度が変わる．
　③ 高分子物質の分析のときには分子自体の伸び具合が変化し溶出位置が変わる．
　④ 温度変化に敏感な検出器は，ベースラインに乱れが生じたり，ピーク強度のバラツキを生じさせる．

などがあります．

　①については，現在のポンプは，ほとんどが定流量ポンプです．背圧変化が仮にあっても，流速変化は，ほとんどありません．

　②については，物質により，移動相と固定相への親和性や，物質の分配係数が変化し溶出位置や，溶出時間，分離度が変わります．対策としてはカラム恒温槽を使い，少なくとも0.1℃まで制御するとよいでしょう．

　③については，対象物質にもよりますが，高温でGPCを行う場合には，移動相もカラムの温度条件と同一にすべきです．カラムの温度制御はカラム恒温槽を使用し0.1℃まで制御するとよいでしょう．

　④については，示差屈折計，電気化学検出器，蛍光検出器などがその部類に入ります．それぞれ温度コントロールが標準装備されているようですが，ない場合には恒温水を流しセル部分を恒温状態に保つべきです．そして，カラムの出口から検出器の入り口までのチューブは，適当なもので外気に触れないように覆うべきです．温度制御精度が高く，温度変化の小さい検出器ほどベースラインは安定します．

Question

60 装置の配管によるデッドボリュームなどが分離に影響を及ぼすと聞きます．本当でしょうか．**配管を行うさいの注意点**を教えてください．

Answer

　デッドボリュームは分離に影響を与えます．

　まず，インジェクターとカラム間のボリュームにより，試料が拡散し，希釈されることがあります．ピークをシャープにベースライン分離するためには，細く，短い配管を使うべきです．インジェクターのサンプルループ内でさえ液-液拡散するともいわれています．

　次に，カラムで非常によく分離された試料が溶出したとき，カラム出口から検出器セルまでのボリュームも影響を与えます．内径0.1mmのステンレススチール製やPEEK製の配管を利用すべきです．また，単離されたあと，溶解度が悪くなり管をつまらせることがあることもお忘れなく．

　仮に，同じ長さの配管で，内径が0.1mmと0.15mmを比較すると，2.25倍希釈されることになります．ベースライン分離していたシャープなピークも，検出器に到達したときには，広がってしまいます．

　また，フェラル，オシネなどを使用し接続するときには，管は管軸に直角に切断した面を空隙なく押しつけるようにして締めつけます．接続ユニオンはゼロデッドユニオンを使うべきです．

　微量の試料を高分離で，しかも高感度で分析を行うには，配管だけではなくインジェクターの空隙，カラムにも注意を払うべきです．

Question

61 装置の洗浄，溶媒置換，保守は，どのようにして行うのでしょうか．

Answer

装置の洗浄，溶媒置換

洗浄，溶媒置換を行うためには，ポンプ内，配管などの体積を知る必要があります．つまり，自分の使用している装置のポンプの入り口から供給している溶媒にマーカー(例えばUV吸収のあるアセトン)を加えた場合，そのマーカーの応答時間がどれくらいかということを知ることが重要です．一般的にはマーカーを実際に加えなくても，低圧混合法によるグラジエント溶出の時間的遅れや，溶媒切換えバルブを切り換えたときの遅れから知ることもできます．

ステンレススチールなど，装置を構成する材料と溶媒は相互作用がないと考えれば，ステップワイズに切り替えたときに，平衡に達するまでの時間で内部の溶媒は置換します．実際には，長期間(数週間～数カ月)使用している間に，ステンレススチールやテフロンなどの表面がしだいに汚れてきますので，ときどきシステムの洗浄をするとよいでしょう．はじめに脂溶性物質をよく溶かす溶媒で装置を洗浄した後，酸洗浄を行うのがよいでしょう．

酸洗浄には，2Mの硝酸を用います．硝酸洗浄を行う前は，あらかじめ装置内をすべて水に置換しておく必要があります(硝酸とアルコールが混合すると危険)．硝酸を流す時間は，1mL/minで20分位が適当です．洗浄後，直ちに水にもどします．このとき，pH試験紙などを用いて，硝酸が残っていないかどうかチェックした方がよいでしょう．この作業中は，危険防止のため，必ず，身体を防護する防護面，ゴム手袋，ゴム前掛けなどを装着して行ってください．

装置使用後の洗浄と保守

毎日，使用する場合には普通は使用後洗浄や保管を気にする必要はありません．しかし，一時的に強酸(特に塩酸)や塩濃度の高い緩衝液を使用した場合には，水で洗浄する必要があります．塩濃度が非常に高い場合，夜間の温度低下で塩が析出することがあります(特にリン酸緩衝液に有機溶媒を混ぜている場合)．基本的にはこのような移動相を用いることは，避けるべきです．しかし，やむを得ず使用する場合には，どの程度で析出するかをあらかじめためしておいた方がよいでしょう．もちろん，使用後は，塩濃度が低いものか，水で洗浄することが必要です．

緩衝液を使用していて1週間以上使用しない場合は，水で洗浄した後，水-メタノール(50：50)の混合溶媒に置換して保管するのがよいでしょう．有機溶媒系の移動相を使用していた場合には，特に溶媒置換の必要はありませんが，溶媒が揮発して装置内部が乾かないように注意すべきです．引火性溶媒を使用していた場合には，安全のため，水-メタノールの混合溶媒に置換しておくことをすすめます．また，地震に対する安全対策として，溶媒びんはすべて溶媒全

部が入る容量のバットの中に置き，お互いにぶつからないように工夫しましょう．もちろん，混合した場合危険な化学反応が生ずるようなものを同じバットに置いてはいけません．バットが実験台から落下しない工夫も大切です．

Question

62 装置，カラム，サンプルからの **パイロジェンの除去，洗浄法** について教えてください．

Answer

　脱パイロジェン（発熱物質）を行うことは，医薬品の製造工程で必須であるばかりでなく，一般研究においても微量のパイロジェンがバイオアッセイなどに影響を与えることがあり，目的物質の分離精製のさいには混入しないように注意し，混入した場合には除去する必要があります．

　パイロジェンとしては種々のものがありますが，微生物（グラム陰性菌など）由来のエンドトキシン（リポ多糖；LPS）が主なものであり，一般にはこれを除去するかまたは分解や変性することによって失活させることにより脱パイロジェンが行われます．

　まず，カラム，装置，配管などのシステム全体の脱パイロジェンの方法について説明します．LPS は酸やアルカリで加水分解や変性させることによって失活しますから，装置やカラムに酸やアルカリ溶液を通液してしばらく放置することで脱パイロジェンできます．方法を表1にまとめて示します．洗浄の条件は充塡剤などの材質を考慮して選択する必要があります．最も簡便なものはアルカリによる加水分解ですが，シリカ系のカラムには適用できません．この場合には，リン酸，塩酸，過塩素酸が用いられます．通液量，時間については汚染の度合いにもよりますが，システム容量の5～10倍程度の液を流した後，1時間～一晩放置するのが一般的です．サンプルインジェクター，バルブやダンパーなどの流路の構造が複雑な部分については，場合によっては分解洗浄が必要な場合があります．

　次に，サンプル中に混入した LPS を除去する方法について説明します．

　LPS の性質と目的物質の性質の差を利用して分離するという意味では液体クロマトグラフィーの通常の考え方で操作すればよいということになります．すなわち，分子量の差を利用してゲル濾過，電荷の差を利用してイオン交換クロマトグラフィー，疎水性の差を利用して逆

表 1　装置およびカラムの脱パイロジェン方法

薬　　剤	濃　度	方法，注意点
水酸化ナトリウム（NaOH）	0.1～1.0 M	システム容量の5～10倍程度の液で洗浄した後，1時間～一晩放置．シリカ系の充塡剤カラムには使用できない．
塩素（HCl）	0.1～0.5 M	システム容量の5～10倍程度の液で洗浄した後，1時間～一晩放置．塩素に弱い材質を接液部に用いた装置は要注意．
過塩素酸ナトリウム（NaClO$_4$）	300～600 ppm	システム容量の5～10倍程度の液で洗浄した後，1時間～一晩放置．塩素に弱い材質を接液部に用いた装置は要注意．
リン酸（H$_3$PO$_4$）	0.1～0.5 M	システム容量の5～10倍程度の液で洗浄した後，1時間～一晩放置．

相クロマトグラフィーなどを用いて除去することができます．例えば，LPS は通常分子量が百万程度と非常に大きく，また負電荷をおびた状態であるため，ゲル沪過やイオン交換クロマトグラフィーが有利に使われます．また，エンドトキシン除去カラムとしてキトサン樹脂やポリミキシンを固定化したアフィニティーカラムなどが市販されています．サンプル中に多量にLPS が混入した場合には上述の分解方法を組み合わせれば有効に除去することができるでしょう．

LPS の混入の経路として最も多いのが水です．すべての操作でパイロジェンフリーの高純度精製水を用いるのが基本です．LPS のチェックは市販のキット（リムラステストなど）で簡便に高感度で測定できます．

Question

63 ピーク分離をよくする装置上の工夫はありますか．

Answer

分離を支配するファクター，理論段数 N，選択性 α，保持係数 k の中で装置的に改善できるのは N になります．改善するというよりは，いかに高性能のカラムの性能を落とさずに，高い N を維持するかということではないでしょうか．カラムの性能が上がり，ピークの溶出容量が少なくなりますと，装置の物理的要因による分散（ピークの広がり）が目立ってきます．

注入口・配管（Q 60 参照）・検出器などのデッドボリューム，検出器・データ処理などの時定数の遅れによる分散

得られたクロマトグラムの正規分布のピークの幅（ピーク容量）4σ は次の式で表します．

$$\sigma^2_{total} = \sigma^2_{inj} + \sigma^2_{col} + \sigma^2_{conection} + \sigma^2_{det} \cdots\cdots \quad (1)$$

ここで，カラムによる分散は

$$\sigma^2_{col} = V_0^2(1+k')/N \quad (2)$$

V_0：移動相の容量（保持されないピークの溶出容量），k'：対象とするピークの保持係数，N：使用しているカラムの理論段数

の式で表しますが，この値に比べ，カラム外効果といわれる注入口（σ^2_{inj}），検出器（σ^2_{det}），パイプ，ジョイントなどのボリュームが十分に小さいことが重要です．

図 1 に配管の長さと内径の違いによるクロマトグラムへの影響を示します[1,2]．パイプによる分散は次の式で代表されます．

$$\sigma^2_{pipe} = 1.36 \times 10^{-3} d_t^4 L_t F/D \quad (3)$$

d_t：パイプ内径（mm），L_t：パイプの長さ（mm），F：流量（mL/min），D：拡散係数 $\fallingdotseq 10^{-5}$ cm^2/sec

注入口や検出器についても同様に，影響が説明されています[3,4]．検出器のセル容量についてはピーク容量の 1/10 以下にすることが望ましいといわれています[5]．k の小さいピークや，セミミクロカラム，3μ 以下の粒子径のカラムなど，ピーク容量の小さいときには注意が必要です．

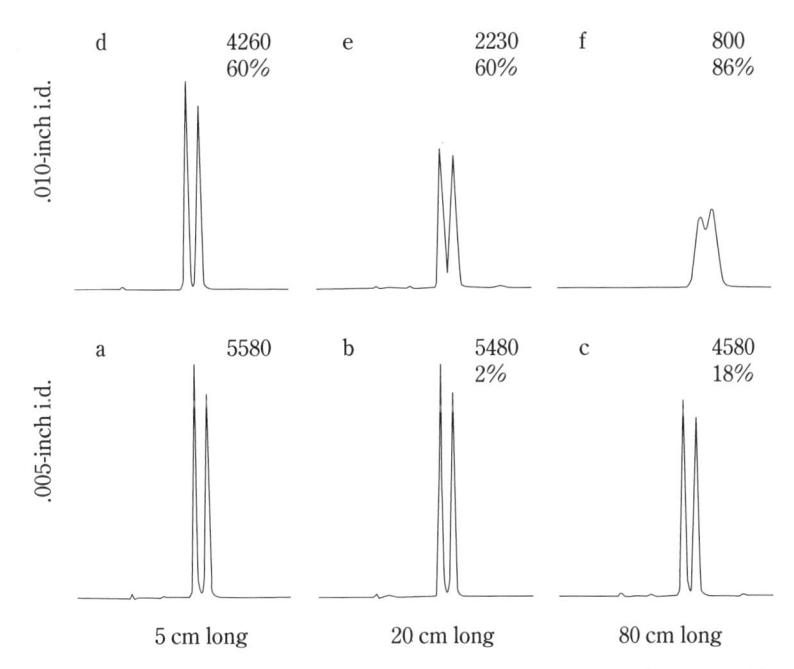

図1 注入口からカラムまでの配管のボリューム（長さと内径）による理論段数への影響（a を 100% として表示）

条件：Column：C-18 5μm Packing．内径 2 mm×長さ 100 mm，流量：200μL，サンプル量：2μL Rheodyne 8125，移動相：80% アセトニトリル-水 21℃，最初のピークはブタノフェノン，a のクロマトグムで $k'=1.05$，elution volume＝330μL，variance $\sigma^2=19.5\mu L^2 (4\sigma=17.7\mu L)$，この流量において，注入口と試料のプラグによる影響は約 $\sigma^2=2\mu L^2 (4\sigma=5.7\mu L)$，検出器も約 $\sigma^2=2\mu L^2 (4\sigma=5.7\mu L)$

温度の影響

カラム温度の調整については Q 28 で述べてありますので，ここでは，温度分布による分散について説明します．

一般的に逆相系ではカラム温度を高くすると，『理論段数が上がる/分析時間が早くなる』な

表1 過熱方法の違いによる分離度（70℃）

流量(mL/min)	空気恒温槽	ウォータージャケット	ウォーターバス
1.0	5.65 5.8* 6.3†	5.9	6.4
2.0	4.0 5.0* 5.2†	4.2	6.4

* プレヒートブロックを使用
† プレヒートブロックと 50 cm のコイルをオーブンに内臓
文献[7]より和訳して引用．

どのメリットがありますが[6]，加熱(または冷却)のしかたにより効果が異なります．表1に加熱方法の違いによる分離度の違いを示します[7]．

　この違いは，熱交換の効率によるカラムに入るキャリアーの温度の差に起因しています．オーブンの温度とキャリアーの温度が一致しないままカラムに入りますと，カラムの外側と内側に温度差が生じ，分子の移動速度に差ができて，ピークが広がってしまいます[8]．

　イオン性の物質は温度に対して敏感です．非イオン性の物質と共存している場合では1℃で分離度 R_s が8%以上も悪くなるケースがあります．

　最近では，空気恒温槽が一般的ですが，十分にプレヒートし，インジェクターなどもオーブンの中にいれて使用することをおすすめします．

---

1) S.R. Bakalyar, et al., *Rheodyne technical notes*, **9**(1988).
2) J.G. Atwood, M.J.E.Golay, *J.Chromatogr.*, **218**, 97(1981).
3) P. Kucera, in Microcolumn high-performance liquid chromatography, J. Chromatogr. Library, Vol. 28, Elsevier, New York(1984).
4) F.M. Rabel, *J.Chromatogr. Sci.*, **23**, 247(1985).
5) L.R. Snyder, J.J. Kirkland, "Introduction to Modern Liquid Chromatography", 2 nd ed., p. 90, John Wiley & Sons(1979).
6) J.R. Gant, J.W. Dolan, L.R. Snyder, *J.Chromatogr.*, **185**, 153(1979).
7) J. Paesen, J. Hoogmartens, *LC・GC*, **10**, 364(1992).
8) H.Poppe, J.C.Kraak, *J.Chromatogr.*, **282**, 399(1983).

Question

64 カラム溶離液をリサイクルする利点は，欠点は．また，装置の使用上の注意点を教えてください．

Answer

　液体クロマトグラフィーで使用する溶媒は有害な試薬もあり，そのまま廃棄すれば環境汚染の原因となる場合もあり，また価格の高い溶媒などもあります．このため，安全性の面からも経済性の面からも使用する溶媒量を極力少なくした分析法が望まれています．そのための方法として第一に廃液を精製して再使用することが考えられます．しかしながら通常の溶離液は何種類かの溶媒，塩などの混合物であり，それらを分離して精製することは時間と困難を伴います．第二の方法としてカラムをミクロ化することにより溶媒消費量を少なくすることができます．また第三の方法として溶離液をリサイクルして再使用する分析法，あるいは汚染された部分を廃棄してその他の溶離液をリサイクルして使用するための装置があります．

　これらの方法のうち，第三の方法についての注意点は以下の通りです．

① 通常，分析法はイソクラティック法に限られます．

② テトラヒドロフランなど，酸化・分解しやすい溶媒の使用は好ましくありません．

③ 汚染された部分とそうでない部分との区別は，特定の検出器により行われます．そのため検出されなかった部分は再使用されるごとに蓄積され，次第に溶離液の性質が変化してくることが考えられます．

④ バックグラウンドやノイズ，信号強度が変化する場合があります．連続してどの程度使用可能であるか，定量性についての確認が必要です．

⑤ 試料(特に高分子成分を含むもの)によっては溶離液の粘度が次第に上昇しポンプの送液状態が変化(悪化)する可能性があります．

⑥ 標準品で溶出位置の再現性についての確認が必要です．

　以上のような注意点はありますが，環境汚染の面からも廃棄する溶媒を極力少なくすることは必要です．今後このような分析法，装置が開発されることが考えられます．

B. A. Bidlingmeyer, *J. Chromatogr. Sci.*, **30**, 425〜426(1992).

Question

65 ステンレス使用の装置とメタルフリーの装置を比べた場合，それぞれの長所，短所について具体的に教えてください．

Answer

　メタルフリーのポンプの長所としては，大きく分けて二つ考えられます．一つは金属の溶出が起こらないため，金属イオンとキレートを形成するような試料の変性が防げること．もう一つは腐食を引き起こすためステンレスポンプでは使用できなかった高濃度の塩（NaClなど）や酸を含んだ溶離液が使えることです．

　ステンレス配管の場合，どの程度メタルが溶出するかは，溶離液の組成や濃度によって異なります．タンパク質の逆相クロマトグラフィーによく用いられるトリフルオロ酢酸を含んだ溶離液の場合について実験してみました．実験に用いた装置を図1に示します．

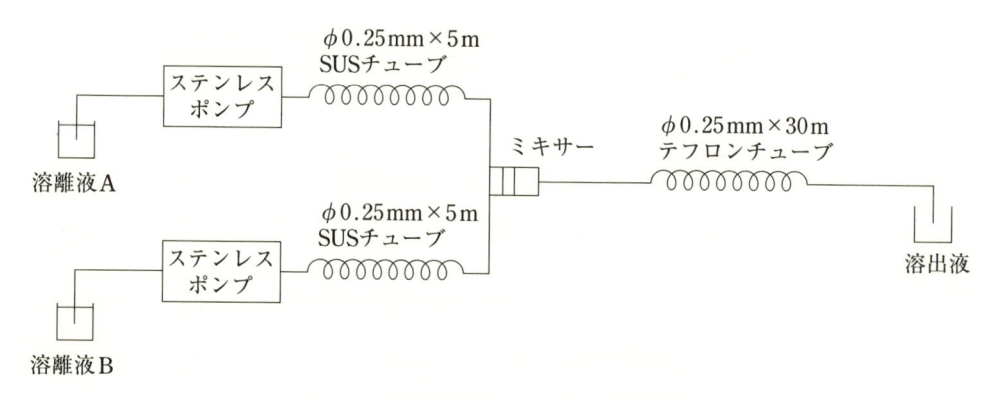

図1　金属溶出を調べたHPLCの装置図

　高圧グラジエントのシステムで各ポンプの後に内径0.25mm，長さ5mのステンレスチューブを接続し，溶離液とステンレスとの接触面積を大きくしてあります．溶離液は，

　　　溶離液A：水-アセトニトリル-10％トリフルオロ酢酸＝(90：10：1)
　　　溶離液B：水-アセトニトリル-10％トリフルオロ酢酸＝(40：60：1)

で，溶離液AからBへ直線グラジエントをかけ，各時間における溶出液を採取し，原子吸光光度計で鉄の濃度を測定しました（図2）．もともとの溶離液A，Bの中の鉄濃度は低いのにポンプ，配管を通った溶出液では高濃度の鉄が検出されました．

　特に，溶離液A，溶離液Bの流れはじめに鉄の濃度が高く，ステンレス配管内での滞留により，常時溶離液が流れている場合より金属成分が高濃度となります．

　また，金属の溶出によるタンパク質への影響については，例えば，金属酵素の金属を除去したアポ酵素は活性を失いますが，ステンレスのHPLCを通すと活性化が認められるなどの報

告があります．ホロ酵素では問題がなくても，純アポ酵素の精製の目的でステンレスの接液部をもつ HPLC 装置を用いるのは問題があると考えられます．

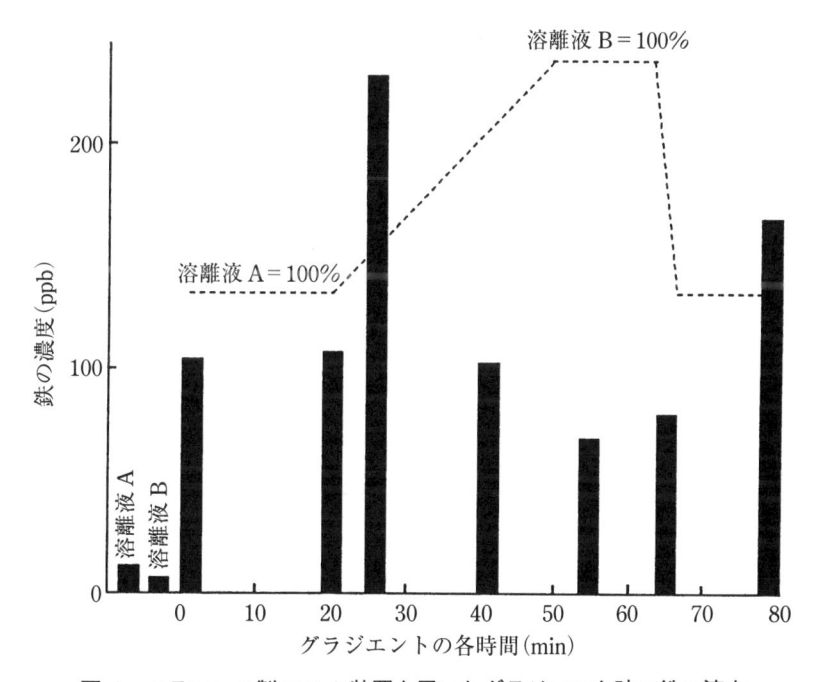

図 2　ステンレス製 HPLC 装置を用いたグラジエント時の鉄の溶出

Question 66

ポンプの流量の安定性を示す,「流量正確さ」と「流量精密さ」,両者の違いは何ですか.

Answer

　一般的に正確さ(accuracy)と精密さ(precision)は,それぞれ「(真値からの)かたよりの小さい程度」,「(データの)ばらつきの小さい程度」としてJIS Z 8103で用語の説明がされています.

　日本分析機器工業会が,ユーザーが装置を購入するさい,カタログの表記を統一し,ユーザーの理解を容易にする目的で,《高速液体クロマトグラフの性能表示方法(JAIMAS 0005-1984)》をまとめました.表1に抜粋を示します.

表 1

《A. 送液系》
3.1 流量正確さ(Accuracy of flow rate)
　(1) 表示方法
　　　± 0 mL/mi(流量 0 mL/min, 0 kgf/cm^2～0 kgf/cm^2)又は± 0%
　(2) 意味
　　　表示流量と真流量との差,又はその差の表示流量に対する割合
　(3) 試験方法
　　　一定使用圧力下で送液ポンプの単位時間(0分間)における吐出流量を実測し,その1/0量をもって当てる.流量,圧力を変えて0通り測定する.1測定条件下で3回測定し平均値をとり,表示流量との差を求める.被検液は水とする.
3.2 流量精密さ(Precision of flow rate)
　(1) 表示方法
　　　± 0 mL/min(0 kgf/cm^2～kgf/cm^2, 0 mL/min～0 mL/min)
　　　又は± 0%
　(2) 意味
　　　一定使用圧力下での流量の変動幅又は変動率.
　(3) 試験方法
　　　一定使用圧力下での送液ポンプの単位時間(0分間)における吐出流量を実測し,その1/0量をもって当てる.流量を5回測定し,その中心からの変動の最大値と最小値を求める.被検液は水とする.
3.3 流量設定繰り返し性(Repeatability of flow rate setting)
　(1) 表示方法
　　　± 0 mL/min(流量 0 mL/min)
　　　又は± 0%
　(2) 意味
　　　流量を繰り返し設定したときの表示値のばらつきを,変動幅又は変動率で表したもの.
　(3) 試験方法
　　　一定の流量に上側から0回繰り返しセットして吐出流量を実測し,その中心から変動の最大値と最小値を求める.被検液は水とする.
　(注) この項目は,マイクロメータ等のアナログ設置の機器にのみ適用される.

用語の意味は以上の通りですが,実際のポンプの安定性を評価するさいには,精密さ(precision)は

- Short-term precision(ふらつき)
- long-term metering precision(ドリフト)

に分けて考える必要があります.また

- Pump noise(pulsation：脈流)

も,考慮にいれるべき,重要な項目です[1].

ポンプの流量を校正するときの,一般的な方法は検定されたメスフラスコやビュレットなどの Volumetric Flask を用いる方法か,天秤を使用する重量法です.いずれの方法も,人為的な測定誤差を少なくするためには,数分間の積算が必要で,短い時間における変動(ふらつき)をみるには適しません.ふらつきや脈流を測定するには一定の負荷をかけ,圧力をモニターするのが簡便です.上表の測定方法でも測定時間が変わるだけで,微妙に意味するところが変わってきます.評価法についてはいくつかの報告[2〜4]があるので,参照してください.

高効率のカラムが使用されるようになり,ピークの容量が少なくなればなるほど,ポンプへの要求も厳しくなります.分配係数 K の意味からいって,ポンプの流量は質量で考えるべきであり,厳密な測定においては,測定の温度も考慮する必要があります.

---

1) L.R. Snyder, J.J.Kirkland, "Introduction to Modern Liquid Chromatography", 2nd ed., p.90, John Wiley & Sons(1979).
2) J.H.M. van den Berg, D.B.M.Didden, R.S.Deelder, *Chromatographia*, **17**, 4(1983).
3) M.J. Rehman, K.P.Evans, A.J.Handley, P.R.Massey, *Chromatographia*, **24**, 492(1987).
4) D. Parriott, *LC.GC*, **12** 132(1994).

Question 67

ミクロLC，キャピラリーLCの有用性と市販装置の現状について教えてください．また通常のHPLC装置をどの程度改良すればミクロ化が可能でしょうか．

Answer

ミクロLCやキャピラリーLCは，生体試料など試料量が少なく，貴重な検体の場合に有効な手法です．

m_sグラムの溶質をカラムに注入した場合，溶出するピークのピークトップの濃度C_{max}は次の式(1)で表せます[1]．

$$C_{max} = \frac{m_s}{d_c^2} \cdot \frac{4 N^{1/2}}{\varepsilon L (1+k)(2\pi^3)^{1/2}} \tag{1}$$

L：カラム長さ，ε：カラムの多孔率(空間率)，k：保持係数，N：理論段数，m_s：注入されたサンプルの量，d_c：カラム径，r_c：カラム半径

コンベンショナルなカラムから内径の細いカラムに交換すると，カラムの長さLや空間率ε，また理論段数Nなどの基本的な性能が同じ場合，溶出ピークの最大濃度はカラム内径d_cの二乗に反比例することを示しています．吸光度検出器などの濃度感応型検出器や質量分析計を用いる場合，カラム内部での希釈が少なく感度が向上することがわかります．また移動相の使用量も，カラム径の二乗に比例して減少しますので，**分析コストの削減**(溶媒や試薬の節約，移動相調製や廃液処理の手間/費用の削減)，**分析室の環境改善**，質量分析計や蒸発光散乱検出器などに適する，移動相の熱交換の容易さなどがメリットとしてあげられます．

一方，ピーク容量(V＝ベースラインの幅×流量)も減りますので，ハンドリングに注意しないと，カラムの性能をいかし，再現性のあるデータを得ることができません．問題点と対処法を以下にまとめます．

注入時の初期バンドと配管，検出器のデッドボリュームによる広がり

カラムによる広がり(ピーク容量V_p)は次の式(2)で表されます．

$$V_p = 4\sigma_{カラム} = \frac{4\pi \cdot d_c^2 \cdot L \cdot \varepsilon \cdot (1+k')}{\sqrt{N}} \tag{2}$$

この広がりに対し，カラム外での広がりによるカラム効率の低下を10%程度($\sigma^2_{許容} < 0.10 \sigma^2_{カラム}$)に抑える必要があります．カラムの種類に対するピーク容量と許容できるカラム外の広がりの関係，そして推奨配管を表1に示します．配管は，内面のきれいな物を用いれば，拡散の影響は少なくなりますが，パイプの斜めの切断面やジョイントのデッドボリュームは大きく影響します(デッドボリューム$V^2 < \sigma^2_{デッドボリューム}$と考えてよい)[2] (**Q 63**参照)．

表 1 カラムの種類とピーク容積 V_p, 許容量

カラム	汎用		セミミクロ			ミクロ	キャピラリー
カラム内径(mm)	4.6	3	2.1	1.5	1	0.75	0.3
適用流量(μL/min)	1000	500	200	100	50	30	4
ピーク容量(μL)($V_p=4\sigma_{カラム}$)$k=0.5$	148.0	62.9	30.8	15.7	6.99	3.93	0.63
ピーク容量(μL)($V_p=4\sigma_{カラム}$)$k=1$	197.3	83.9	41.1	21.0	9.33	5.25	0.84
ピーク容量(μL)($V_p=4\sigma_{カラム}$)$k=2$	296.0	125.9	61.7	31.5	13.99	7.87	1.26
許容カラム外容量 $\sigma_{許容}$(μL) ($\sigma^2_{許容}<0.10\sigma^2_{カラム}$)$k=0.5$	11.70	4.98	2.44	1.24	0.55	0.31	0.05
推奨配管(長さ mm)	600	300	300	300	600	200	200
(内径 mm)	0.25	0.13	0.13	0.1	0.05	0.05	0.025
配管での広がり $\sigma_{許容}$(μL)	17.9	2.4	1.53	0.64	0.16	0.071	0.007

計算値は次のデータと式を使用した：カラム長さ150, 空間率 $\varepsilon=0.7$, 理論段数5000

$$\sigma^2_{配管}=1.36\times10^{-3}d_t^4 L_t F/D$$

L_t：配管長さ(mm), d_t：配管径(mm), F：流量(mL/min),
D：拡散係数(cm^2/sec, および 10^{-5} で計算)

　注入時の試料バンドやインジェクターバルブのデッドボリュームにも注意を払う必要があります．溶質がカラム入口で濃縮されるような試料溶液であれば，大量注入できますが，カラム断面積に比例して注入量は減じるべきです．大量注入法については，カラムスイッチングや濃縮カラムを用いる方法が報告されています[1]．

　セミミクロ，ミクロカラムに適したインジェクター(バルコ社，レオダイン社)やUV検出器のセルが市販されています．ミクロカラムでは，配管を用いずに直接カラムをインジェクターバルブに接続することを推奨します．

送液系の精度の問題

　小口径カラムの性能をいかすためには，専用のHPLCや送液システムの使用をおすすめします．流量が少ないことに起因する種々のトラブルが発生します．

① テフロン吸引パイプからの空気の混入
② 気泡の圧縮時間による吐出の遅れ
③ ポンプの送液精度
④ ミキサーのデッドボリューム
⑤ プランジャーシールのかすなどによるカラムの劣化
⑥ 気温の変動を受けやすい

などがあげられます．

　図1のようなスプリット法を用いることにより，ミクロカラムを使用することも可能ですし，専用のスプリッターも市販されています．しかしグラジエントシステムを使用するときは，片方の移動相に0.1〜0.5%のアセトンを入れ，UV検出器を用いてグラジエントカーブを画かせ，再現性を確認する必要があります．

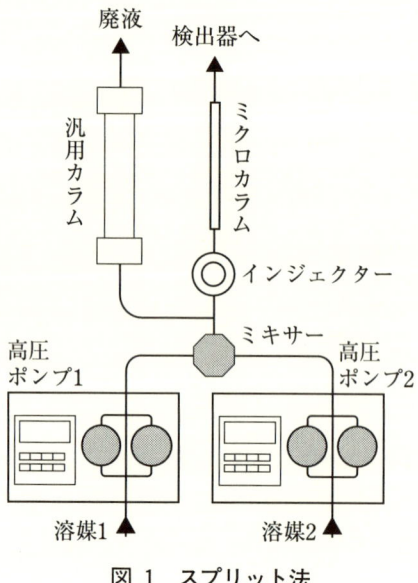

図 1　スプリット法

1) J.P.C. Visserts, *J. Chromatogr.*, **A856**, 117(1999).
2) S.R. Bakalyar, Rheodyne 社テクニカルノート 9(1988).

Question

68 オートサンプラーによる注入量と注入精度 はどれくらいでしょうか．

Answer

　オートサンプラー(自動試料導入装置)の試料導入方式にはシリンジ計量方式，およびループ(計量管)計量方式があります．いずれの方式もメーカーによって保証する精度が多少異なっています．また，カタログ値と実際の性能との間に食い違いのある場合もあるようです．繰り返し使用しているうちに汚染されやすくなったり，試料が希釈されるようになったりして正確な試料導入量が確保できなくなる場合もあります．それ故，性能維持のためにはメンテナンスをきちんと行う必要があります．

　容量の計量に用いる計量管やシリンジなどの測容器にはそれぞれの容積によって許容誤差があり，その範囲内でつくられています．例えば，試料注入に用いる市販マイクロシリンジの多くは，容量の±1％以内を保証され，また，試料調製に用いる 20 mL 全量ピペットは ±0.03 mL (±0.15％)，500 mL のメスフラスコは ±0.03 mL (±0.06％) を規定され(計量法，検定公差)ています．しかし，正確な分析を行うためには，自分でそれら測容器の補正を行い標準温度における正しい容積を求めておく必要があります．通常，補正は水を満たし，あるいは排出してその重量を測定することによって行います．装置内に組み込まれていてそれが困難な場合には応答感度の明らかな検出器を用いて，得られた特定成分のピーク面積からその容積の大まかな補正ができます．一方，使用時の温度に対する補正も必要になります．すなわち，標準温度と使用時の温度との差による試料および容器の膨張を補正します．20℃で V_0 mL の測容器を t ℃で使用するとき，測った試料の20℃における体積は $V = V_0\{1+\beta(t-20)\}d_t/d_{20}$ となります．ここで，β は測容器材質の体膨張係数，d_t および d_{20} はそれぞれ t ℃および20℃における試料溶液の密度です．これは，例えば，ステンレス鋼製計量管で水溶液を計量する場合に10℃の温度差で 0.1〜0.2％ の誤差を含むことを示しています．したがって，装置の多くは，雰囲気の条件が一定しているときの繰り返し再現性はよいことになります．けれども，特定の成分の吸着損失があったり，洗浄液で希釈されることになったり，特に粘度の高い試料に対して計量値が正確でなかったり，あるいは，誤差が問題になると，システム構成上違いにより多少の長短があり正確さの点ではその限界値は容易には求められません．すなわち，再現性の得やすい特定の成分に限って比較すれば，同時再現精度は CV 0.1〜0.5％ を期待できますが，正確さについては，測定器部分の誤差に加えて装置のシステム構成上避けられない誤差もありますので注入量および目的成分毎にあらかじめ測定しておく必要があることになります．なお，オートサンプラーの原理および装置構成については，代表的な例が，JIS K 0124−1994「高速液体クロマトグラフ分析法通則」に解説されていますのでご参照ください．

Q: ノイズ，リップルを防ぐ，アースの取り方について教えてください．

A: 電源からのノイズとしては，電源の電圧変動や高周波による影響が知られており，LC装置メーカーでは，これらに関する国際的な規格に則って製作されています．特にデータを取り込んでゆく信号ケーブルや，信号を出す検出器，データ処理器（PC を含めて）では影響が受けやすい部分となります．アースの取り方は個別では，安定して取りづらく装置メーカーでは，電源の差し込みプラグを3針のものを使用することを推奨しています．電源プラグに2針の差し込みプラグでは，安定した電源が得られないことからノイズばかりではなく装置の稼働自体にも影響が出てくる恐れがありますのでご注意ください．

Q: ポンプとインジェクターとの間につけるプレカラムの目的は何ですか．

A: カラムの前につけるプレカラムの目的は注入された試料中の，分析カラムを劣化させるような物質を保持することにより，カラムの性能を長い間，一定に保つ役割があります．これは，定期的に交換しないと当然分析カラムの寿命を短くします．

　ポンプとインジェクターとの間につけるカラムは主として移動相中の不溶物を除去するために使われますが，その pH が高く，分析カラムの分離性能を損なうときにも使うことがあります．これは，先に移動相にプレカラムの充填剤（シリカ）を溶出させた飽和状態をつくり，分析カラムを保護する目的で使用することもあります．

6章 前処理

Question

69 試料調製時，注意すべき点について教えてください．

Answer

　試料調製は，HPLC分析を正確に行う上で大変重要な工程です．試料調製が均一でない場合，得られる結果に再現性がなくなります．すなわち，HPLC分析に限らず分析は，試料調製が不十分であるとどんなに精度のよい測定方法を使用しても正確なデータを得ることはできません．

　試料溶液の調製方法は，その試料の組成が単純であるか，複雑な組成であるかによって変わってきます．また，目的物が試料の主成分であるのか副成分もしくは痕跡程度の成分であるかによっても変わってきます．

　実際には，試料中の痕跡程度の目的物を分析することが多く，微量な目的物を効率よく取りだし試料溶液を調製することが必要です．このために様々な前処理が施されることになります．

　試料溶液の調製も含め，HPLC分析における操作の一連の流れを以下に示します．試料溶液の調製に最も重要となるプロセスは③の試料の前処理になります．

① 試料の採取
② 試料の保管
③ 試料の前処理
④ 試料のHPLC装置への注入条件の決定
⑤ 回収率測定
⑥ 定量と結果の取扱い

試料の前処理

　試料中の微量成分をHPLC分析する場合，微量成分を正確に，精度よく，特異的にかつ高感度に測定することが必要になりますが，このために妨害物質の除去，目的成分の濃縮などが前処理のステップで実施されます．

　HPLC分析における複雑な試料の代表として，生体試料があげられます．生体試料には，ご承知の通り試料マトリックスであるタンパク質を除く行程が必ず存在します．

　この除タンパクの操作には，沈殿法，限外沪過法，カラムスイッチング法などがありますが，それぞれ一長一短があるため十分その特徴を理解した上でいずれの方法を使用するかを決める必要があります．

　試料のマトリックスを除いた後に，目的成分を濃縮する操作が次の行程で発生しますが，濃縮操作には古くから有機溶媒抽出法や活性炭・アルミナなどの吸着剤が使用されてきました．

最近では吸着剤をコンパクトにカートリッジ化した固相抽出法が，その便利さから多用されてきております．

抽出された濃縮液は，そのまま，あるいは有機溶媒を除く濃縮操作を行った後にHPLC装置に注入します．

この他，試料によりそれぞれ試料溶液を調製するためには精度の高い最適な前処理の方法を選択することが望まれますが，いずれにしても試料を測定可能な状態にする前処理は，目的成分を効率よく濃縮，回収することにあります．

これら試料の前処理に関する詳細は成書1), 2)を参照してください．

---

1) 日本分析化学会関東支部編，"高速液体クロマトグラフィーハンドブック，改訂2版", p.233, 丸善 (2000).
2) L.R. Snyder, J.J. Kirkland, J.L. Glajch, "Practical HPLC Method Development", 2nd ed., Chapter 4, Wiley Interscience, New York (1997).

Question

70 臨床分析分野における試料の採取，保存，前処理など，**生体試料の取り扱い上の留意点**について教えてください．

Answer

　生体試料を分析する場合，どんなに正確で精確な測定法を用いようと，試料の採取方法，保存方法，処理などがきちんと行われていないと，正確な生体情報を得ることはできません．生体試料の取扱いには，非生体試料と異なる特徴があり，多様な注意を必要とします．

倫理・法律上の留意点

　ヒト試料は被験者の所有物であり，試料の採取や情報の利用にはインフォームドコンセントによる被験者の同意と所属機関における倫理委員会相当会議の承認が必要となります．また，検体採取は，医師，看護婦，臨床検査技師などの有資格者のみが行うことができます．

バイオハザードとその対策[1]

　生体試料には，エイズ，血清肝炎，梅毒などの感染の恐れがあります．したがって，事前の検査がなされ，その結果がどうであろうと，すべての検体は感染性をもつものとみなして慎重に取り扱わなければなりません．試料の皮膚粘膜への直接接触，ピペッティングによる誤飲，針刺しなどには十分注意し，保護着，保護具(手袋・眼鏡・マスクなど)の使用，手洗いの励行，実験室での喫煙・飲食・化粧行為の禁止などの対策を講じる必要があります．

試料の採取

　生体成分の量は，採取部位や採取時間によって一定ではありません．採血は一般に安静空腹時が原則ですが，分析の目的，成分によっては，部位，時間，方法などを吟味する必要があります．

　① 血　液：全血，血漿，血清，血球のいずれを用いるか選択し，抗凝固剤，血清分離剤を用いる場合には，それらの分析系への影響の有無を考慮する必要があります．また，赤血球の溶血に注意する必要があります．

　② 尿：部分尿であるか一日畜尿であるか選択し，畜尿の場合は，腐敗を防止する必要があり，添加する防腐剤の分析系への影響を考慮しなければなりません．

試料の保存

試料の採取から分析までの間に目的成分に変化があってはなりません．したがって，できるだけ迅速に分析することが原則ですが，分析までに時間を要する場合には，適切な保存手段を講じる必要があります．試料の安定化のために講じた低温保存，防腐剤，分解阻止剤の添加などの保存手段が目的成分へ影響を与えないことを確かめておく必要があります．また，保存容器は，目的成分が反応したり，吸着することなく，試料中へ溶出する成分を含まない材質からなり，気密で丈夫な容器が適切です．

前処理

生体試料はほとんどの場合，そのまま HPLC 装置に注入することはできず，あらかじめ前処理を行う必要があります．除タンパク，抽出，濃縮，誘導体化，内部標準物質の添加など，必要に応じて行います．

試料の注入

適切な試料注入量および試料濃度は条件によってまちまちで，カラムサイズ，試料溶媒，移動相，検出系，分取か分離か，分離モードなど様々な条件に依存するので，試料注入量および試料濃度は，分離，感度などを考慮して決めます．分析用の標準的なカラム(4.6 mm i.d.×150 mm)での試料容量は，移動相に溶解した場合は約 20 μL 以下，移動相より溶出力の大きな溶媒に溶解した場合はより少量にするべきです．また，生体試料では予測できない高濃度を示すことがあり，サンプラーに試料が残留し次の分析に影響を与えてしまうことがしばしばあるので注意する必要があります．

---

1) 山根誠久，臨床化学，**40**(1), 11(1996).

Question

71 試料の前処理，特に**固相抽出法**について，その概要，選択方法などを教えてください．

Answer

　一般にHPLCなど機器分析を行う前には，①妨害物質の除去，②目的物質の濃縮を主な目的として試料の前処理を行います．どのような前処理を行うかは，分析試料の組成，目的物質とその濃度，用いる測定法の感度や選択性，などによって変わり試料によってケースバイケースといえますが，その中でも固相抽出法は広く用いられています．

　固相抽出は，液体クロマトグラフィーの分離技術を基礎とした前処理技術で，選択性のある固定相を用い，複雑な組成をもつ試料中から目的成分のみを抽出する方法です．この方法は，従来からの液-液抽出に比較して，①回収率，再現性が良好，②迅速処理が可能，③エマルジョンの生成がない，④使用溶媒が少なくてすむ，⑤自動化が可能，などの利点があります．操作は，①コンディショニング，②試料添加，③洗浄，④溶出の順に行います．概要を図1に示しました．

　固相抽出の分離は，HPLCの分離と同じ原理で行われ，表1に示すように，吸着，分配，イオン交換モードに対応する種々の充填材が市販されています．固相を選択するさいの参考に，ガイドラインを図2に示しました．

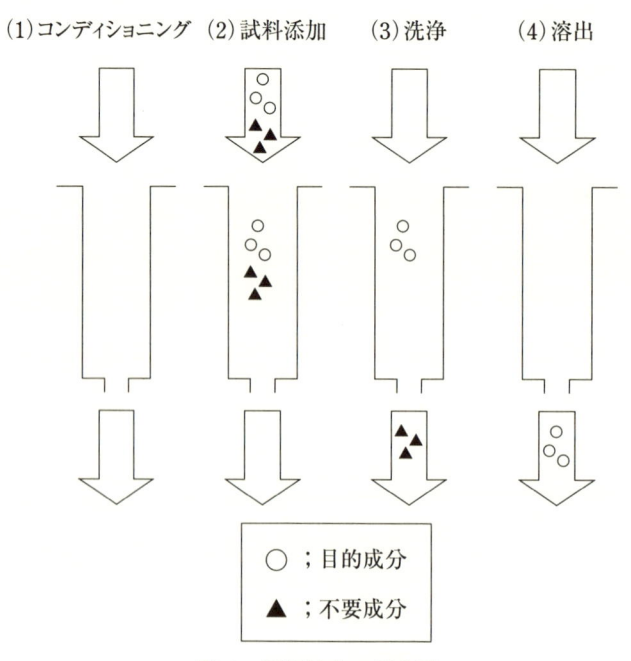

図1　固相抽出の概念図

最近の前処理器材には，従来からのシリンジ型に加え，大容量の試料に対応できるディスク型や多検体に対応できる 96 ウェルプレート型などが市販されています．また，多検体を同時，迅速に処理できる吸引装置や，操作を自動化した自動固相抽出装置，固相抽出から HPLC 装置へ自動的に注入するオンライン自動固相抽出装置も開発されています．これらは，ジーエルサイエンス，スペルコ，ユニフレックス，エムエス機器，モリテックスなどから市販されています．

表 1　固相抽出用充填剤の種類

分離モード		充填剤	分離モード	充填剤
吸　　着		シリカゲル	分配 逆相分配	メチル
		アルミナ		フェニル
		フロリジル		シクロヘキシル
分配	順相分配	ジオール	イオン交換	エチルカルボン酸
		アミノプロピル		プロピルスルホン酸
		シアノプロピル		ベンゼンスルホン酸
	逆相分配	シアノプロピル		アミノプロピル
		オクタデシル		一，二級アミン
		オクチル		ジエチルアミノプロピル
		エチル		トリメチルアミノプロピル

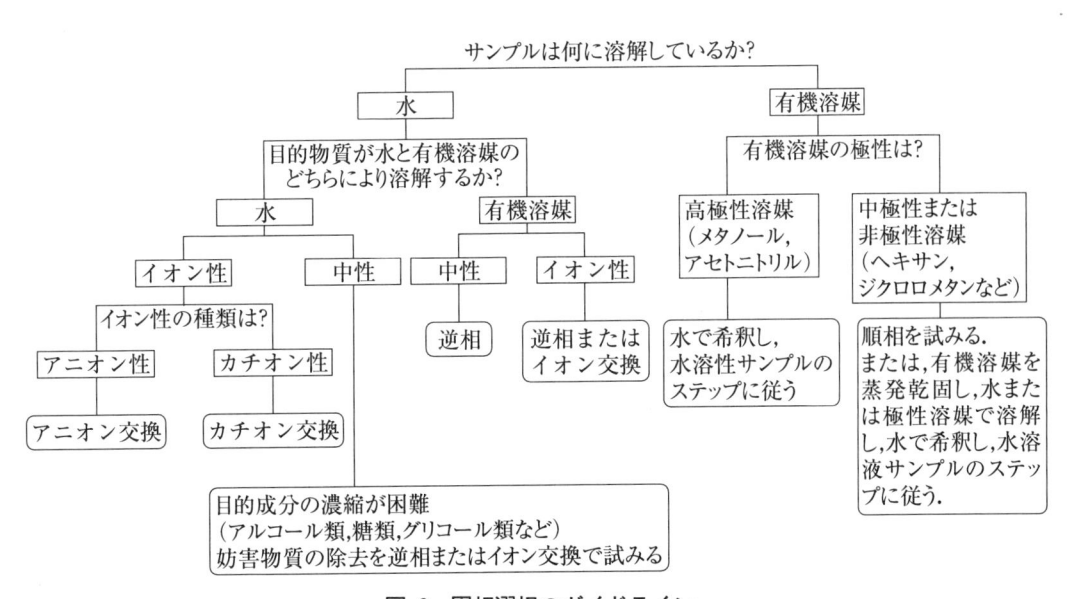

図 2　固相選択のガイドライン

スペルコカタログより．

Question

72 HPLC分析の自動化，特に**試料前処理やカラムスイッチングの自動化**などについて，具体的な例をいくつかあげて説明してください．

Answer

　HPLCにおける試料前処理の自動化では，カラムスイッチングにより疎分画，濃縮，除タンパクなどの操作を実施している例があります．生体試料の測定では，除タンパク操作，抽出操作を前処理カラムで実施し，疎分画分だけを分析カラムに注入し，対象成分の分離定量を容易にしています．

　環境ホルモンとして測定される機会の多い水質中のビスフェノールAを自動濃縮して測定させた例を下記に紹介します（図1参照）．

　測定試料液は，下記図のリザーバー9～10にセットされ，ポンプ3により高圧六方バルブ4（破線の流路）を介して前処理カラム5に送られ濃縮されます．高圧六方バルブの流路が破線から実線に切り替えられ，送液ポンプ2により送られてくる移動相液1により，前処理カラムにて濃縮されたビスフェノールA画分が分析カラム6に溶出され分離，検出器7にて検出定量されます．このシステムは，閉鎖系であり，極微量の環境ホルモン物質測定で要望される測定環境，実験器具からの汚染が少なく，ビスフェノールA測定時のバックグランドを低く抑える利点があります．

　注意点としては，繰り返し測定をするいに，一定したクロマトグラムが得られるように，前処理カラムのコンディショニング，分画，洗浄の条件を，安定したものにしておくことです．徐タンパク操作も，同様のシステムで行うことが可能です．

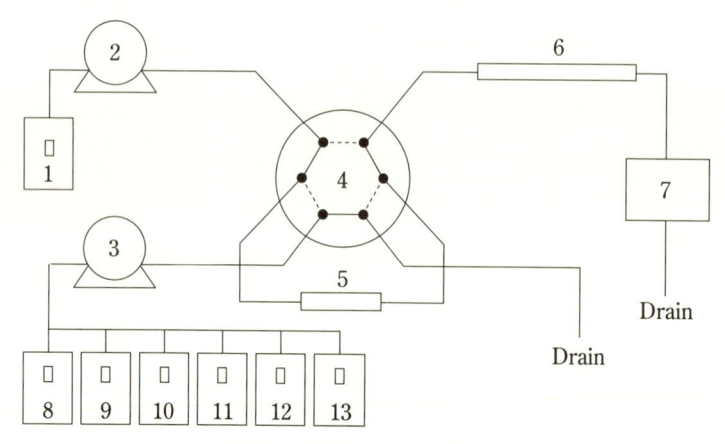

1：移動相　2,3：ポンプ　4：高圧流路切り替えバルブ　5：前処理カラム
6：分析カラム　7：蛍光検出器　8：水　9～12：試料　13：メタノール

図1　流路構成

浜田ら，日本分析化学会第47年会講演要旨集，p.164(1998)．

Question 73

血中薬物を HPLC で分析するとき，あらかじめタンパク質をコートしたカラムを用いて**直接注入して薬物分析できる**ようですが，何故ですか．

Answer

　血液中の薬物は血漿タンパク質と結合した状態（結合型）および，結合していない状態（非結合型）で存在しています．この血漿タンパク質は主としてアルブミンですが，その他グロブリン，酸性グリコプロテインなどに多く結合する薬物もあります．また，この結合型-非結合型は平衡状態にあり，非結合型の薬物の濃度が下がると結合型の薬物がタンパク質より遊離して平衡が保たれます．通常，血液中の薬物を測定する場合には，これら二つの状態の薬物を合わせた量を測定しています．

　前処理として，血液に過塩素酸等の強酸を加えたり有機溶媒を添加すると，タンパク質が変性します．遠心分離により上清に低分子化合物が残り薬物の分析が可能となります．

　それに対して例えばタンパク質をコートしたカラムを用いた場合，除タンパクしなくてもそのまま薬物の分析が可能となります．オクタデシル基を化学結合した充填剤の表面をアルブミンでコートしたものを考えます．アルブミンが入ることのできる大きさのところはアルブミンによってコートされ，アルブミンが入ることのできないところはそのままオクタデシル基が表面に現れており二重構造となります．そのため，高分子タンパク質と低分子薬物がカラムに入ってきた場合，タンパク質は充填剤の表面を素通りしてしまいますが，低分子の薬物はポアの中に入りオクタデシル基に保持されます．また非結合型の薬物が減少するにつれて，結合型の薬物がタンパク質から遊離してオクタデシル基に保持されることになります．したがってタンパク質を溶出させた後，吸着している低分子薬物を溶出させる液を流すことにより薬物の分析が可能となります．

　この他，薬物の度合に応じて前処理カラムを選択すれば種々の薬物の分析が可能です．適当なポアサイズ（高分子がはいらない）で，通常の緩衝液を流した状態では高分子タンパク質が素通りするような表面をもち，ポアの中は薬物が保持されるような充填剤を選択すればよいことになります．

Question 74

試料を溶かす**溶媒は，使用する移動相がよい**とされていますが，何故でしょうか．また，グラジエント溶離法で分析する場合，**試料はどの移動相に溶解させるのがよい**のでしょうか．また試料が移動相に溶解しない場合，別の溶媒に溶かして注入することがあります．(例えば，移動相；水−メタノール，試料溶媒；メタノール，アセトンなど)何故**移動相に溶解しないのに分析できる**のでしょうか．

Answer

HPLC分析を満足に行う条件の一つとして試料を溶解することがあります．

HPLCは試料が溶離液に溶けることが分離の条件です．ガスクロマトグラフィーは，試料が気化することが分離の条件であることと同じです．

まず，第一点の質問である試料を溶かす溶媒についてですが，移動相に試料を溶かすことが奨励されている理由に，ソルベントピークの出現を抑えることがあります．ソルベントピークは，カラムのボイドボリューム付近に現れる試料溶媒由来のピークですが，この付近に溶出する試料の分析の妨げになります．

この他の目的としてピーク形状の改善にも移動相溶液に試料を溶かすことが役に立ちます．その理由として，分析しようとする試料が溶離液に溶けにくい場合，試料溶液がカラムに負荷されると同時に結晶が生じ，結果としてショルダーピークが現われる可能性があるからです．

このような状況を防ぐためにも試料は移動相に溶かすことをおすすめします．

第二点のグラジエント溶離における試料溶解溶液ですが，基本的にはスタート時の移動相に試料を溶かすことをおすすめします．グラジエント溶離は普通，低有機溶媒の水系溶離液から徐々に有機溶媒の比率を上昇させていきます．試料溶液が有機溶媒すなわちグラジエント溶離の後半部の溶離液組成に近い場合，試料溶液の注入量にもよりますが，クロマトグラフィー開始直後の溶離状況が変化してしまいます．したがって，試料はスタート時の溶離液に溶かして注入することが重要です．

第三点の質問ですが，試料が移動相に溶けないにもかかわらずHPLC分析ができるのか，とありますが，分析が可能ということは，試料は溶離液に溶けていることになります．つまり溶けないのではなく溶けにくいだけのことです．

試料溶液を調製する場合，比較的濃度の高い溶液を調製します．そしてその後目的の注入濃度まで希釈していきます．その結果，一般的に使用されている4.6 mm i.d.×150 mmのHPLCカラムに注入される試料量は数ngであり，また新しい溶離液がつねに流れてくるわけですから試料は移動相に溶けクロマトグラフィーが成り立っていくことになります．

試料が溶離液に全く溶けない場合は，溶出してきません．例えば，TLC(薄層クロマトグラ

フィー)を行うさいに試料のスポットが上昇しないで原点にそのまま残ることがあります．これは試料が展開液に溶けない場合に多くみられる現象です．HPLCにおいても同じ現象が起こることになります．また，溶けにくい試料を注入し，ショルダーピークもしくはダブルピークを経験した方も多いと思います．この現象が起きる理由は前述した通りですが，この場合試料の注入量を減らすとショルダーピーク，ダブルピークは解消されるはずです．

7章 応用

Question

75 アミン系化合物のピーク形状をシャープにするのには移動相に何を添加したらよいでしょうか.

Answer

エンドキャッピングの不十分な逆相系カラムでアミン系化合物を分析する場合には，充塡剤表面の残存シラノールによりピークテーリングが認められることがあります．特に，シリカゲル中の金属不純物に起因する酸性の強いシラノールの存在がピーク形状に悪影響を与えます．

残存シラノールを封鎖する目的で競争イオンとしてアミン，例えばトリエチルアミンを移動相に添加するとピーク形状が改善されることがあります．また，イオンペアー剤，例えば，SDSやヘキサンスルホン酸ナトリウムなどを移動相に添加することにより，ある程度エンドキャッピングが不十分なカラムでもピーク形状が改善されます．また，耐アルカリ性を有するカラムであれば，移動相に塩基性の緩衝液を加えて試料の pK_a 以上の pH に設定し，塩基性化合物のプロトン化を抑制することにより，ピーク形状を改善できます．

なお，原料に高純度シリカゲルを用いて残存シラノールの少ないカラムを選択すれば，移動相条件をあまり気にすることなくシャープなピークが得られます．

Question

76 アミノ酸分析を行うさい，**特定の試料のみ分離不良**になります．他の試料との違いは塩濃度が高いくらいです．原因と対策を教えてください．

Answer

　一般にカラム充填剤に対し目的成分より選択性の高い成分が過剰に存在すると，その成分がカラムの吸着点を占領してしまい目的成分の分離を阻害します．しかし，通常のスルホン酸形強酸性陽イオン交換樹脂をカラム充填剤に使用し，クエン酸緩衝液を溶離液に用いるアミノ酸分析の場合には，カラム充填剤のイオン交換容量が数ミリ当量/mL と比較的大きく，しかも，クエン酸が比較的多くの金属イオンと安定な錯体を形成するので，かなり多量の共存の金属塩があっても分離の妨害になりません．例えば，マグネシウムやカルシウムを数％含む試料を内径 4.6 mm のカラムに 10～20 μL 注入して，ほとんど妨害なしに分析できます．これは，例えば，4％ のカルシウムイオンが試料中に含まれていると 20 μL 注入すれば 1.6 ミリ当量に相当し，交換容量的には妨害となる量ですが，大部分が錯体を形成して流出するためでしょう．しかし，共存陽イオンが選択性の高い有機物であったり，交換容量が数百分の一のイオン交換樹脂をカラム充填剤とするクロマトグラフィー，あるいは，錯形成しない緩衝液を溶離液に用いるクロマトグラフィーでは，塩濃度が高いと著しく分離を損ないます．共存塩の影響かどうかを確かめるには，①試料注入量を減らしてみるか，②希釈して再注入してみるとよいでしょう．

　一方，試料中の共存物質が微量であってもカラム中に吸着されて蓄積される場合には次第にカラムが劣化し分離能が低下します．この場合，毎回分離終了後に流すカラム洗浄液の組成を工夫することをおすすめします．

　どうしても試料中の共存塩が妨害になる場合は脱塩の操作を行います．以下に，イオン交換処理の例（日立 835 型アミノ酸分析計取扱説明より）を示します．

　① 陽イオン交換樹脂（Amberlite IR-120 Na 形）を内径 2 cm，長さ 10～15 cm のカラムに樹脂高さ 5 cm につめる．
　② 蒸留水を流してよく洗う．
　③ 0.01 M HCl を約 30 mL 流し，流出液の pH が 2 になるのを確かめる．
　④ 試料 1～5 mL を静かに添加する．
　⑤ 全部流出したら，管壁と樹脂層を 0.01 M HCl 1 mL で洗う．
　⑥ 2 M NH$_4$OH を約 20 mL 流して脱着させる．
　⑦ この流出液を全部集め，減圧濃縮し，最後は乾固してアンモニアを除去する．
　⑧ 蒸留水 1～5 mL に溶かし，2 M NaOH で pH 12.0 にする．
　⑨ 数時間デシケーターで吸引する．
　⑩ 6 M HCl で pH 2.0 とし，0.02 M HCl で 1 mL または 5 mL に定容する．

Question

77 タンパク質分析時に，試料を何回も注入すると，**溶媒だけを注入してもピークが出現**します．原因と予防方法，除去法を教えてください．

Answer

　原因としては，注入口に試料が吸着していることが考えられます．これはシリンジのニードル部分をキムワイプなどでよく拭き取ってからインジェクターに注入することで，ほとんど予防できます．洗浄方法としては，ポリエチレン製の洗びんのノズルまたは注射器(針なし)をインジェクターの注入口に強く押しあてて，1M NaOH，60%ギ酸などをインジェクター内に送りこみながらインジェクターのレバーを数回操作することで変性タンパク質などの汚れを溶解して流し出すことができます．

　逆相HPLCでタンパク質を分析しているときに，一度の操作で完全に溶出せず，次回の分析でピークとして認められること(カラムメモリー)をしばしば経験します．これは，タンパク質の溶解度が有機溶媒により低下し，カラム内でタンパク質が可逆的に不溶化したためと考えられます．このようなときには，ピークが検出されなくなるまでブランクランを繰り返し，カラム内のタンパク質を完全に溶出しておかないとクロマトグラフィーの解釈を誤るばかりでなく，いずれタンパク質が不可逆的に不溶化してカラムの劣化を速めることになります．

　カラム内に不溶化したタンパク質を除去してカラムを再生するには，ポリマー系充填剤の場合はギ酸-アセトニトリル(またはイソプロパノール)(6：4 v/v)あるいは0.2〜0.5 M NaOHの溶液で洗浄することがしばしば有効です．シリカ系充填剤の場合にはエンドキャッピングが十分にされていない充填剤ではシリカが溶け出してカラムが劣化する危険があるので注意が必要です．なお，NaOHを使用する場合には，UV検出器の石英を溶かす恐れがあるので検出器には通液しないようにして下さい．

Question

78 タンパク質やペプチドの逆相クロマトグラフィー分離においては，トリフルオロ酢酸(TFA)を添加した有機溶媒と水のグラジエント溶出をよく見かけます．**TFAを添加する理由，濃度，使用上の注意点**は何ですか．

Answer

　タンパク質やペプチドを逆相クロマトグラフィーにより分析する場合，アセトニトリル-水系の溶媒にTFAを添加した混合液が使用されます．

　TFAを添加する理由

　① 酸性が強く，塩基性の化合物と結合してイオン対試薬として働くことがあげられます．塩基性の化合物はシラノール基とのイオン的相互作用によりピークがテーリングすることがあります．そのような場合，溶離液のpHを強酸性にすることによりシリカ系充填剤のシラノール基とのイオン的な吸着が抑えられテーリング現象が改善されることがあります．

　② また，塩基性化合物で水溶性が高いためカラムに保持されにくい化合物，あるいは他の成分との分離が思わしくない場合には，TFAとイオン対を形成させることによってカラムに保持されるようになり分析可能となる場合があります．

　③ その他，TFAは揮発性が高く分取した後に簡単に除去することが可能です．

　使用にさいしての注意点

　① 添加濃度として通常は，0.05～0.1％で使用します．濃度を上げた場合，保持力は上がる傾向にありますが，回収率が悪くなります．特にタンパク質では回収率が悪くなる場合があるので，例えば0.05％程度の濃度で使用します．クロマトグラムから最適の濃度を決める必要があります．

　② 次に溶離液の調製にさいして注意すべき点としては，脱気の問題があります．TFAは揮発性であるため，低圧脱気を長時間行うと組成が変わります．そのため，脱気した後TFAを加えて撹拌するか，または一定の時間(短時間に)脱気してTFAの濃度が変化しないように調製しなければなりません．TFAを加えて撹拌する場合，均一になりにくいため超音波による撹拌を併用するか，または十分時間をとって撹拌する必要があります．

　③ その他の注意点として，試薬の純度の問題があります．タンパク質，ペプチドの測定にさいして，検出はUVの低波長域(例えば210～230 nm)でしばしば行います．TFA試薬のグレードおよびロットによってはバックグラウンドの高い試薬もあります．分析に必要な感度，分離条件(グラジエント条件)など，必要に応じてよい製品を選ぶ必要があります．

Question

79 光学異性体分離用カラムの選択法を教えてください．

Answer

　市販のカラムに用いられている，キラル固定相は，多孔質シリカゲルにキラルな低分子化合物を化学結合したものと，キラルな高分子化合物を担持させたものに大別されます．最近では，各社の技術資料が充実してきており，それを参考にして選択すれば，かなりの程度満足できます．以下に各カラムの特徴と一般的な選択の基準を述べます．

低分子系固定相

　① アミド・尿素型固定相：アミノ酸，アミンなどの誘導体を固定化した低分子系固定相は，Pirkle カラムに代表されるように，官能基としてアミド，尿素，エステル基を有します．溶離液に順相系のヘキサン-2-プロパノール系を用い，水素結合，π-π 相互作用を利用して，キラルなアミド，エステルなどの分離に，特に優れた性能を示します．したがって，目的物質にこれらの官能基がない場合には，誘導体化するのが望ましくよく用いられる誘導体化試薬としては，3,5-ジニトロベンゾイルクロリドがあります．

　② 配位子交換型固定相：遊離のカルボキシル基，アミノ基を含むようにプロリンなどをシリカに固定し，Cu(II)を含む溶離液を用いる，キラル配位子交換型固定相は，キラルなアミノ酸などを誘導体化せずに，遊離のままで分離できる利点があります．ただし，分取，同定には適しません．

　③ シクロデキストリン固定相：β-シクロデキストリンを結合した固定相は，内孔への包接と上縁部の OH 基との水素結合を利用するので，ナフタレンまたはフェロセン誘導体で水素結合が可能なものの分離に適しています．

　④ クラウンエーテル固定相：キラルなクラウンエーテルを用いた固定相は第一級アミンの塩の分離に有効です．

　⑤ 大環状グリコペプチド固定相：テイコプラニンなどの大環状グリコペプチドを結合した固定相は，水素結合，イオン的相互作用，π-π 相互作用，包接作用など複数のメカニズムが作用し，アミノ基やカルボキシル基等官能基を有する化合物分離に適しています．また，分取にも使用できます．

高分子系固定相

　① 多糖型固定相：セルロース，アミロースのエステル，カルバメート類を担持した固定相は非常に広範囲の化合物の分離に有効です．この固定相では，高分子特有の高次構造とエステル基，ウレタン基との相互作用を利用するため，キラル中心の近くに水素結合のできる官能基が

あることが必要です．芳香環を含まない化合物の分離には，カルバメート系よりエステル系の方が適しているようです．

② ポリアクリレート型固定相：メタクリル酸トリフェニルなどを光学活性なアニオン開始剤を用いて重合させたポリマーは，一方向巻きのらせん構造を有します．これをシリカに担持した固定相は，疎水的な相互作用を用いて分離を行うので，比較的極性の小さい化合物の分離に有効です．ただし，溶離液に用いるメタノールにより，エステル基が溶媒分解しやすい欠点があります．

③ アクリルアミド型固定相：キラルなフェニルアラニンエステル，1-(1-ナフチルエチル)アミンのアクリルアミド，メタクリルアミド誘導体を重合したポリマーを用いる．シリカ系固定相は，芳香環を含む化合物の分離に有効です．

④ タンパク質型固定相：ウシの血清アルブミン，血清中の酸性糖タンパク質オロソムコイドなどのタンパク質をシリカに担持した固定相は芳香環のある種々の化合物の分離に有効です．分離機構は複雑で，また，溶離液の pH により光学分割能が変化します．ただし，有効な不斉識別点がタンパク質の一部にしか存在しないので，試料の処理量が非常に少ないのが欠点です．

その他

球状粘土鉱物(ケイ酸マグネシウム・ナトリウム；層状化合物)の層間に光学活性な金属錯体 Δ-ルテニウムフェナンスロリンをイオン交換した充填剤は，優れた光学認識能を有します．また，試料負荷量が非常に大きいため，分取に最適です．このような特性は，同じルテニウム錯体を通常のシリカ系カチオン交換体に担持させた場合では認められないことから，粘土鉱物の層間で溶質の運動の自由度が制限されてルテニウム錯体と効率的に配向するためと考えられています．

Question

80 高分子物質を GPC で測定するとき，平均分子量の表示に **数平均分子量** と **重量平均分子量** がでてきます．これをわかりやすく説明してください．

Answer

　高分子物質は，ある単位のものが多数繰り返し結合してできた化合物です．重合のさいにはこの繰り返しの数が様々なもの(分子量の異なるもの)ができてきます．高分子物質の物性はこの分子量・分子量分布と密接な関係にあります．分子量を求めるさいにはこの集合体の平均分子量を求めることになります．この平均分子量には数平均分子量 M_n，重量平均分子量 M_w，Z 平均分子量 M_z，粘度平均分子量 M_v などがあります．

　数平均分子量 M_n，重量平均分子量 M_w について簡単な実例で示します．

　[仮定] ある高分子が，分子量 6 万の分子 5 個，分子量 5 万の分子 50 個，分子量 4 万の分子 10 個，分子量 3 万の分子 5 個からできているとします．

数平均分子量 M_n

　　分子量の総和＝6 万×5 個＋5 万×50 個＋4 万×10 個＋3 万×5 個＝335 万

　　分子の個数＝5＋50＋10＋5＝70，平均分子量＝335 万÷70＝4.79 万

　　一般的に書くと　$M_n = \sum M_i N_i / \sum N_i$ となります．

重量平均分子量 M_w

　　分子量 6 万の成分の全分子量に対する寄与率は

　　　6 万×5 個÷335 万＝6/67

　　分子量 5 万の成分の全分子量に対する寄与率は

　　　5 万×50 個÷335 万＝50/67

　　分子量 4 万の成分の全分子量に対する寄与率は

　　　4 万×10 個÷335 万＝8/67

　　分子量 3 万の成分の全分子量に対する寄与率は

　　　3 万×5 個÷335 万＝3/67

　　平均分子量＝6 万×6/67＋5 万×50/67＋4 万×8/67＋3 万×3/67

　　　　　　　＝(36＋250＋32＋9)万/67＝4.88 万

　一般的に書くと　$M_w = \sum M_i W_i / \sum W_i$ となります．これら平均分子量分布は一般的に

　　$M_n \leqq M_v \leqq M_w \leqq M_z$

の関係があります．高分子の物性は低分子成分の量が影響する場合もあれば，高分子成分の量が影響する場合もあります．そのため，物性によっては相関性がよい平均分子量を使用します．

　また，分子量分布が広いか狭いかを判定するために，M_w/M_n および M_z/M_w があります．この値が 1 に近いほど分布が狭く，大きくなると分布が広いことになります．

Question

81 GPC分析で，合成高分子の濃度を変えて注入したとき，**平均分子量の測定値が違ってくる**場合があります．どうしてでしょうか．

Answer

　高分子は濃度によって分子の状態が異なって存在します．希薄溶液の場合は高分子どうしが離れて存在しますが，濃度が高くなると高分子どうしが接触し始めます．さらに濃度が高くなると高分子どうしが絡み合った状態で存在することになります．

　高分子のGPC分析をする場合，高分子どうしが互いに接触しないような希薄溶液で測定しますが(通常0.1～0.01%以下の濃度)，ある程度以上濃度を上げてゆくとだんだん溶出容量が大きくなる(溶出時間が遅くなる)クロマトグラムが得られます．GPCは分子がゲルのポア内に入ったり出たりしながら行われるクロマトグラフィーです．分子サイズの小さなものほど長く滞留するため遅れて溶出します．このとき，試料としての高分子溶液の濃度が高い場合，粘度がたかくなりこの交換が遅くなります．その結果溶出時間が遅れてきます．GPCは溶出容量(時間)と分子量の関係を示した校正曲線から相対的に分子量を求めます．そのため溶出容量(時間)が大きくなると分子量が小さく計算され，平均分子量の測定値が違ってくることになります．

B.A.Bidlingmeyer, *J.Chromatogr. Sci.*, **30**, 66(1992).

Question

82 水系 GPC の標準試料としてポリエチレングリコール，デキストラン，プルランなどが使われていますが，それらを使った**校正曲線間の相関**はどうなっているのでしょうか．

Answer

　GPC は分子の大きさにより試料成分を分離するクロマトグラフィーです．溶出容量と分子量の相関をあらかじめ求めておき，実試料でのクロマトグラムから分子量・分子量分布を求めます．使用する標準試料の条件としては，分子量分布が狭いこと，分子量の大きいものから小さいものまで標準となるものがそろっていること，構造的に均一であることなどがあげられます．水系の標準試料としては，ポリエチレングリコール，プルランなどが使用されます．これら標準物質は測定溶媒(水系から極性の有機溶媒まで)および試料に応じて使い分けられます．

　デキストランは，分岐高分子である多糖です．特に分子量 10 万以上になると分岐の影響により，試料によっては溶出容量と分子量の相関がプルランなどとは異なります．このような場合には，それぞれの試料の極限粘度(η)と分子量(M)との積の対数に対して溶出容量をプロットすれば，分画範囲内で相関が得られデキストランとプルランが同一直線上にのります．

　また，注意点として，次のことがあげられます．

　GPC 用の標準試料といっても必ずしも GPC になるとは限りません．溶媒によっては吸着することもあり，特に水系では，塩の添加，有機溶媒の添加によって分子量と溶出容量の相関に変化がないことの(直線性があること)を確認する必要があります．

T.Kato, T.Tokuya, A.Takahashi, *J.Chromatogr.*, **256**, 61(1983).

Question 83

極性官能基をもつ高分子化合物の分子量分布をサイズ排除クロマトグラフィー(SEC)で求めるときに，サンプルがカラムへ吸着することなどにより，**正確な分布が求められない**ことがあります．これらは，どのような相互作用が考えられ，どのような対策が用意されているか教えてください．

Answer

SECにおいて，正確な測定結果を妨げる二次的な効果には，充填剤と高分子化合物(サンプル)との間に働く分配，吸着およびイオン交換などの相互作用が考えられます．

一般にSECで用いられる充填剤には，ポリスチレンゲルや親水性ビニルポリマーゲルがあり，前者は移動相にTHF(テトラヒドロフラン)やトルエンなどの有機溶媒系が用いられ，後者は塩や緩衝液を含む水溶液系や極性有機溶媒系が用いられます．

ポリスチレンゲルにおいてTHFが広く用いられる理由は，THFがサンプルの溶解性に優れ，かつ充填剤との親和性が大きいためです．ところが，極性官能基(-OH，-COOH，-NH$_2$，-SO$_3$H)をもつサンプルの場合，サンプルとTHFとの親和性が小さくなってしまい，前述の充填剤への相互作用が認められるようになります．そこで，相互作用を抑制するために，移動相をサンプルとの親和性が大きい物へ変更します．すなわち対策としては，極性官能基をもち，かつサンプルの溶解性が高い極性有機溶媒であるDMF(ジメチルホルムアミド)やメタノールに変更することが有効となります．また，用いる移動相の種類や極性化合物によっては，充填剤を親水性ビニルポリマーゲルへ変更することも有効です．極性有機溶媒を使用する場合には，サンプルの会合やイオン的な相互作用を抑制するために移動相に塩を添加すると効果的です．

サンプルが水溶液に溶解する場合，移動相に水溶液や極性有機溶媒を用いることのできる親水性ビニルポリマーゲルが用いられています．しかし，親水性ビニルポリマーゲルは疎水性部位と若干のカルボキシル基を有しているため，疎水性相互作用やイオン性相互作用が認められることがあります．疎水性相互作用の場合は，対策として，移動相にアセトニトリルやメタノールなどの有機溶媒を添加します．一方，イオン性相互作用の場合は，若干存在するカルボキシル基により充填剤は負に荷電しているため，負に荷電したサンプルはイオン排除により分子サイズにかかわらず早く溶出し，正に荷電したサンプルは逆にイオン結合による吸着で遅く溶出したり，さらにはカラムから溶出しない場合もあります．対策としては，イオン排除の場合，移動相に50 mmol/L程度の中性塩を添加すると効果的です．イオン結合の場合には，塩の添加に加えpHの調整(酸性〜弱酸性)が効果的です．ただし，0.5〜1.0 mol/L程度のかなり高い塩濃度にする必要があり，装置への影響など注意が必要です．

Question

84 GPCでポアサイズの異なるカラムを連結して使用する場合があります．複数のカラムを連結するときの順序は．

Answer

　GPCは分子ふるい効果を利用して試料の分子量の違いによって分離する方法です．通常1本のカラムを使用しますが，場合によっては複数のカラムを接続して使用することがあります．一つは分離性能を上げたい場合です．GPCではカラムの長さが長くなるほど分離がよくなります．以前は長いカラムを使用することが多かったのですが，現在は短いカラムを複数接続して使用する方法が一般的です．

　もう一つは，低分子から高分子まで幅広い分子量範囲の試料を測定したい場合です．このようなとき，測定可能な分子量範囲が異なる複数のカラムを接続します．ポアサイズの大きなゲルすなわち排除限界分子量の大きいゲルは分子量の大きな成分，ポアサイズの小さなゲルすなわち排除限界分子量の小さいゲルは分子量の小さな成分どうしの分離に用いられます．この場

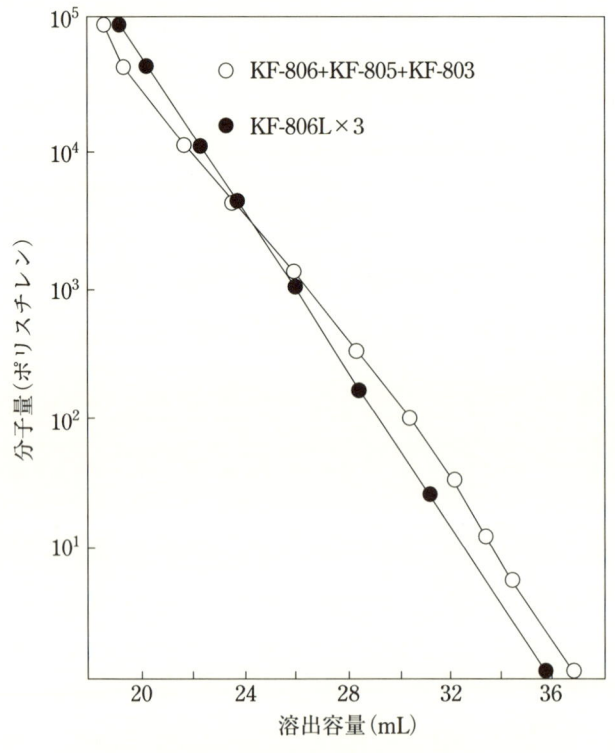

カラム：Shodex GPC KF-800, KF-800L series
移動相：THF
流　速：1.0mL/min

図1　カラムの連結とリニアカラムの校正曲線の比較

合のカラムを連結する順序ですが，ポンプに近い側が排除限界分子量の小さいゲル，遠い側が排除限界分子量の大きいゲルを充填したカラムになります(これは目的成分の分離効率をできるだけよくするためです．もしはじめに排除限界分子量の大きいゲルを接続すると目的成分の多くが同時にゲルの中を通ることになり，効率よく分離が行われなくなる可能性があります)．

　排除限界分子量の異なるカラムを接続する場合に問題となるのが校正曲線の直線性です．図1に示すように，それぞれのカラムの校正曲線が直線で勾配が同じようにみえても，それらを接続すると必ずしも勾配曲線が直線にはならず勾配が変化する場合があります．この勾配の変曲点付近に溶出するピークにショルダーが生じることがあり誤差の原因となりますので注意が必要です．このような問題を解決するため，最近幅広い分子量範囲をカバーすることができ，しかも校正曲線が直線となるゲルが開発され，カラムも市販されていますのでそれを使用するのも一つの方法です．

　その他，複数のカラムを接続する場合は接続する分圧力損失が大きくなり，装置に負荷がかかります．また測定に必要な時間が長くなり溶媒の使用量が増加しますので，これらの特徴を考慮にいれカラムを選定することが必要です．

Q: メチオニンスルホキサイドは何故ピークが二つに分かれるのでしょうか．

A: メチオニンスルホキサイドは，普通のアミノ酸がもっている不斉中心である α 位の炭素原子（アミノ基およびカルボキシル基のついている炭素）の他に，孤立対電子をもつ硫黄原子も不斉中心になるため，通常のカラムで分離すると，ラセミ体は RS，SR のピークと SS，RR のピークの二つに分かれます．なお光学活性のカラム，または光学活性の溶離液を用いれば，四つのピークに分離が可能です．

$$CH_3-\overset{O}{\underset{..}{S^*}}-CH_2-CH_2-\overset{NH_2}{\underset{H}{C^*}}-COOH$$

Q: アミノ酸を OPA-メルカプトエタノールとポストカラムで反応させ，蛍光検出法で定量したところ，ピークが時間がたつにつれ小さくなりました．どのようなことが考えられるでしょうか．

A: OPA-メルカプトエタノール試薬の空気酸化も考えられますが，蛍光検出器の温度の上昇の影響を考えた方がよいでしょう．翌朝になって感度がもどっていて，使用中にまた感度が落ちてくる場合は温度の影響と思われます．翌朝になっても感度が回復しない場合は，試薬にメルカプトエタノールを追加し，それでも回復しない場合は，キセノンランプの劣化などが考えられます．

Q: ヌクレオチドを陽イオン交換樹脂で分離するとき，試料量が多いとピークに肩ができ，さらに多いと後方に新たなピークが現れます．何故ですか．

A: 後ろにでるピークが注入量に比例する場合は不純物と考えられますが，一定に濃度以上で急に現れ，注入量に比例しない場合は，ヌクレオチドの会合などによるものと考えられます．ピークの肩も同様で，注入量に比例しない場合は，会合によるものと考えられます．

　これらが不純物でないことを証明するには，肩や後ろのピークを分取し，再注入してメインピークの位置にでることを確認すればよいでしょう．

Q: 有機酸のクロマトグラフィーを行いました．カラムにODS，溶離液にリン酸緩衝液（pH 2）-メタノールを使用．ベースラインが次第に上がりました．原因は．

A: カルボキシル基以外に吸収をもたない一般の有機酸は，210 nmの波長で測定する場合が多くありますが，210 nmの波長はきわめて弱く，感度を上げて測定することが多くなります．したがって溶離液の吸収のわずかな変化でもベースラインが上下します．メタノールは酸素を吸収すると210 nm近辺の吸収が増すので，脱気した溶離液からスタートした場合は，溶離液が空気中の酸素を吸収して時間とともに210 nmの吸収が大きくなり，ベースラインが次第に上がってきます．したがってオンラインの脱気装置の使用をおすすめします．またUV吸収は温度の影響も受けます．温度が上がると一般的には溶媒のUV吸収は増します．したがって実験中に温度が上昇したことも考えられます．

Q: メルカプトベンゾチアゾールのクロマトグラフィーを行いました．カラムにODS，溶離液に水-アセトニトリルを使用．保持時間が一定しません，原因と解決法を教えてください．

A: メルカプトベンゾチアゾールの等電点は中性付近にあり，一般的に逆相クロマトグラフィーの場合は，等電点付近で最も保持時間が長くなります．イオン交換水は緩衝力をもたず，アセトニトリルと水だけの溶離液はわずかな不純物などの影響で，pHが一定しません．等電点が5～8付近の試料の溶出には，水のかわりに緩衝液を加えてpHを一定にした溶離液を用いることをおすすめします．

索　　引

あ 行

アース　130
アフィニティークロマトグラフィー　53,59
アフィニティークロマトグラフィー用充填剤　50
アミノ酸　156
アミノ酸分析　145
アミノ酸分析計　97
アミン系化合物　144
RI 検出器　96
安定剤　68
イオン交換クロマトグラフィー　53,57
イオン性相互作用　153
イソクラティック法　81
移動相　66
HPLC 設置場所　112
HPLC 選択法　52
HPLC 用溶媒　66
液体クロマトグラフィー用充填剤　30
S/N　94
エンドキャッピング　40,144
ODS　33,38,43,157
オートサンプラー　64,129
OPA ポストカラム誘導体化法　97
温度制御　112

か 行

回収率　18
カラム　64
　——の温度　119
　——の温度調節　48
　——の充填圧　64
　——の寿命　63,64
　——の洗浄法　46
カラムスイッチング　16,138
カラム内径　26
カラムメモリー　146
間接検出法　95
基材　30
逆相 HPLC　74
逆相クロマトグラフィー　57,147
逆相系充填剤　33
キャピラリー LC　126

吸着クロマトグラフィー　53
金属キレートクロマトグラフィー　58
金属溶出　122
空間速度　23
グラジエント法　81
グラジエント溶出　28
グラジエント溶離法　78
結合密度　38
血中薬物　139
ゲル濾過　58
検出限界　18
検出ノイズ　93
高圧グラジエント　76
高圧混合方式　76
光学異性体分離用カラム　148
校正曲線　152,154
高分子物質　150
ゴーストピーク　16
固相抽出法　136
固相抽出充填剤　137

さ 行

再現性　22
サイズ排除クロマトグラフィー　53,153
最大吸着量　23
C8　36
C18　36
GPC　150,154
GPC 分析　151
CCVG 方式　84
システムピーク　14,16
時定数　118
重量平均分子量　150
蒸発光散乱検出器　100
除タンパク　139
シラノール基　40
シリカゲル系担体　43
試　料
　——の採取　134
　——の調製　132
試料の前処理　132
　——の自動化　138
試料溶媒　140
水系 GPC　152

数平均分子量　150
スケールアップ　23
ステップワイズ法　81
ステンレス製 HPLC 装置　123
スプリット法　127
生体試料　56,134
洗　浄　44
線速度　23
全多孔性充塡剤　32
疎水性相互作用　153
装置の洗浄　114
測定法の評価　20
疎水性クロマトグラフィー　57
ソルベントピーク　8,9,140

た　行

脱　気　73
多波長検出器　98
炭素量　38
タンパク質　146,147
注入精度　129
低圧グラジエント　76
低圧混合方式　76
t_0　8,32
定量限界　18
データ処理装置　108,109
データプロセッサー　109
デッドスペース　32
デッドボリューム　8,113,118,127
テーリング　12,144
添加剤　68
天然高分子ゲル　55
トリフルオロ酢酸　147

な　行

内標準物質　15
内標準法　15
ヌクレオチド　156
ノイズ　130
濃度勾配溶出法　84

は　行

バイオハザード　134
配　管　113
配管容量　6
hyphenated HPLC　88
パイロジェン　116
バリデーション　108
半値幅　4
ピーク形状　144
ピーク高さ法　107
ピークの肩　156
ピークの歪み　10
ピーク幅　4
ピーク分離　118
ピーク面積法　107
ヒドロキシアパタイトクロマトグラフィー　57
標準試料　152
微量成分の分取　24
不純物　28
負のピーク　14
不分離ピーク　105
プレカラム　130
プレカラム誘導体化法　102
プレート　2
プレート理論　3,4
分　取　26
分配クロマトグラフィー　52
分離係数　7
分離条件の最適化　60
分離度　7
分離不良　145
分離モード　52
　——の組合せ　56
　——の使い分け　56
平均分子量　151
ベースライン　28,157
ベースラインショック　16
ベースラインノイズ　96
ペプチド　148
ポアサイズ　154
フォトダイオードアレイ検出器　98
保管法　44
ポストカラム誘導体化法　102

ポリマー系充填剤　43,46
ホールドアップボリューム　8

ま　行

ミクロLC　126
水　89
水-アセトニトリル系　74
水-メタノール系　74
無孔性充填剤　34
メソッド開発　60
メタルフリーHPLC装置　122
メチオニンスルホキサイド　156
メルカプトベンゾチアゾール　157

や　行

有機酸　157
UV透過限界　75
UV透過限界波長　90

溶媒置換　44,114
溶離液　70,121
　　——の作製　72
　　——の調製　70
溶離法　81

ら　行

リサイクル　121
リーディング　12
流量正確さ　124
流量精度　83
流量精密さ　124
理論段　2
理論段数　2〜4,6,7
臨床分析　134

わ　行

Wike-Changの式　48

液相色譜

液クロ 龍の巻

誰にも聞けなかった HPLC Q&A
High Performance Liquid Chromatography

監修■東京理科大学薬学部教授
薬学博士　中村 洋

編集■(社)日本分析化学会
液体クロマトグラフィー研究懇談会

プロ集団が書いた、オフィシャルガイド!!

液クロの現場で日々発生する素朴な疑問の数々。想定されるこれらの問題に、液クロ懇談会の精鋭メンバーが分かり易く答えております。最先端の情報をもとに編集された『液クロ龍の巻』が、さまざまな現場で活用されますことを願っております。

B5版 214頁

定価■本体価格**2,850円**＋税

ISBN4-924753-48-3　C3043

発行　筑波出版会
〒305-0821 茨城県つくば市春日2-18-8
電話■029-852-6531　FAX■029-852-4522
URL■http://www.t-press.co.jp/

発売　丸善出版株式会社
〒140-0002 東京都品川区東品川4-13-14
グラスキューブ品川10F
電話■03-6367-6038　FAX■03-6367-6158

液クロ 龍(リュウ)の巻

『液クロ 龍(リュウ)の巻』あらまし Question 項目

1章　HPLCの基礎 ―理論と用語―
1. 移動相の流速とカラム抵抗圧との関係は？
2. 極微量の流速を得るのに用いられるスプリッターの原理は？
3. ピークの広幅化をもたらす要因は？
4. カラムの長さ，内径と注入する試料の量の関係は？
5. カラムの内径を細くすればするほど分解能が上がる？
6. カラムの平衡化の基準の判断は？
7. 分子量の差で分離する方法のよび名は？
8. 換算分子量のずれの傾向の具体例は？
9. 絶対感度，濃度感度の意味は？
10. 電気クロマトグラフィーとは？
11. pH, pK_aとはどんなもの？
12. HT分析とはどういう分析？また，条件設定のポイントは？
13. High Temperature HPLCとは？
14. 超臨界流体クロマトグラフィーとHPLCやGCとの違いは何？
15. 公定法でHPLCを一般試験法として採用しているのは？
16. 3種類のバリデーションの具体的な使い分けは？
17. 固相抽出におけるuの値は？

2章　固定相と分離モード ―充填剤，カラム―
18. 再現性よくHPLCカラムを充填する方法は？
19. データをみるときの留意点は？
20. オープンチューブカラムが市販されていない理由は？
21. モノリスカラムとはどんなカラム？
22. 前処理や分離ではない目的で使用されるカラムとは？
23. ピーク形状の異常の原因とその対策は？
24. 気泡を抜く方法は？カラムをからにしてしまった場合は？
25. 逆相シリカゲルカラムの炭素含有率，比表面積，細孔径は？
26. モノメリック，ポリメリック充填剤とは何？
27. 残存シラノールの性質は？
28. シリカ系逆相カラムの劣化はどのように起こる？
29. 保持が徐々に減少し，再現性が得られないのは？
30. C30固定相はODSと比べ，どのように異なっているか？
31. 試料負荷量の大きなODSカラムとは？
32. セミミクロカラムを使用するときの注意点は？
33. キャピラリーLC，セミミクロLCが感度的に有利である根拠は？
34. 微量試料の注入方法のメカニズムとは？
35. 試料容量を増加させて分析する方法は？
36. GPCはどこまでミクロ化が可能？

3章　移動相(溶離液)
37. カタログに表示の"高速液体クロマトグラフィー用"とは？
38. HPLCに使用する水は？
39. 混合後の容積が混合前の容積と一致しないのは？
40. 緩衝液を調製するさいにリン酸塩が頻繁に使用されるのは？
41. 再現性よく移動相を調製する方法は？
42. 移動相に，亜臨界水を用いた液体クロマトグラフィーとは？
43. カラムを平衡化させ安定した分離を行うには？
44. 逆相系でLC装置を使用後，順相系に切り換える手段は？
45. ゴーストピークを小さくするか影響を回避する方法は？
46. 移動相のみを注入したらピークが出た．原因は？
47. イオン対(ペア)試薬の種類，使用方法，注意点は？
48. イオンペアクロマトグラフィーの条件設定は？
49. イオンペアクロマトグラフィーでよく起こる問題は？
50. イオン対試薬を使用するとカラムの寿命は短くなる？
51. LC/MSやLC/NMRでもイオン対試薬を使用できる？

4章　検出・定量・データ解析
52. HPLCで使用される検出器の使い分けは？
53. UV吸収をもたない物質を分析するには？
54. 光学活性物質を選択的に検出できる検出器の種類は？
55. 検出波長を切り換えながら検出する方法は？
56. 蛍光物質の励起波長と蛍光波長の選択方法は？
57. 化学発光検出器を使用する場合，検出波長の設定は必要？
58. 測定法の開発手順は？
59. 絶対検量線法，標準添加法，内部標準法の使い分けは？

5章　HPLC装置
60. カラム本体を構成している部品の名称は？
61. 何故LCカラムに，移動相を流す方向が記載されている？
62. カラムの性能を評価する方法は？
63. カラムの接続のタイプは？
64. カラムを接続するさいの部品の名称は？
65. HPLCの配管にはどんな金属，樹脂が使われている？
66. HPLCの配管用の金属のものと合成樹脂のものとの使い分けは？
67. プレカラム，ガードカラムの使用目的，用途，また違いは？
68. メーカーごとにまちまちな圧力単位の換算法は？
69. 抵抗管や背圧管を取り付ける目的は何？
70. 分析中にシステム圧力が上昇する原因と対処方法は？
71. マニュアルインジェクターの使い方は？
72. カラム恒温槽のヒートブロックと循環式の長所・短所は？

6章　LC/MS
73. LC/MSイオン化法の原理と使い分けは？
74. LC/MSに用いられる分析計を選択するポイントは？
75. LCでMSを検出する利点と欠点は？
76. LC/MS分析に適したカラムサイズは？
77. LC/MSで使用できる溶媒は？
78. クロマトグラム上にスパイクノイズが現れる原因は？
79. LC/MSでバックグラウンドが高い理由は？
80. イオンサプレッションとは何？

7章　前処理
81. 試料や移動相の除粒子用フィルターを選ぶときの注意点は？
82. 膜を使って簡単に試料の除タンパクや濃縮ができる？
83. 測定対象物が容器等へ吸着するのを防ぐための対処方法は？
84. 固相抽出カラムでの抽出法の長所，短所は？
85. ポリマー系固相抽出カラムの特徴は？
86. 前処理後の抽出液の乾燥法の長所・短所は？
87. 固相抽出96 wellプレートの長所・短所は？
88. 固相抽出の自動化とは何？
89. 超臨界抽出を分離分析測定の前処理として利用する方法は？

8章　応用
90. タンパク質をHPLCで扱う場合の一般的心得は？
91. HPLCでタンパク質を変性させずに分取するには？
92. アミノ酸のキラル分離を行うときの誘導体化試薬は？
93. 糖類の分析を行うときのカラム選択法は？
94. ダイオキシンやPCBなど有害物質はどのように処理する？
95. 光学異性体を分離するときの手法は？
96. d体の後ろに溶出するl体のピークの定量法は？
97. 光学異性体を分離しないで異性体存在比を測定する方法は？

液相色譜

液クロ 虎の巻

誰にも聞けなかった
HPLC Q&A
High Performance Liquid Chromatography

監修■東京理科大学薬学部教授
薬学博士　中村 洋

編集■(社)日本分析化学会
　　　液体クロマトグラフィー研究懇談会

プロ集団が書いた、オフィシャルガイド!!

液クロの現場で日々発生する素朴な疑問の数々。想定されるこれらの問題に、液クロ懇談会の精鋭メンバーが分かり易く答えております。最先端の情報をもとに編集された『液クロ虎の巻』が、さまざまな現場で活用されますことを願っております。

B5版　196頁
定価■本体価格 **2,850**円＋税
ISBN4-924753-50-5　C3043

発行　筑波出版会
〒305-0821 茨城県つくば市春日 2-18-8
電話■029-852-6531　FAX■029-852-4522
URL■http://www.t-press.co.jp/

発売　丸善出版株式会社
〒140-0002 東京都品川区東品川 4-13-14
　　　　　グラスキューブ品川 10F
電話■03-6367-6038　FAX■03-6367-6158

液クロ 虎(ヒョウ)の巻

『液クロ 彪(ヒョウ)の巻』あらまし Question 項目

1章 HPLCの基礎 ―一般教養―
1. HPLCを発明した人は？
2. 液クロを短期間でマスターするためのよい方法は？
3. 液クロでわからないことが出てきたとき，相談するところは？
4. 液体クロマトグラフィー研究懇談会の活動内容は？
5. LCテクノプラザとは？
6. HPLCの勉強会の参加資格や内容は？
7. 理論段数の計算法は配管と検出器セル中での広がりの度合いも含まれる？
8. 理論段数の求め方は，またその計算式は？
9. 理論段数の高いカラムは高性能カラム？
10. カラム長とピーク幅，分離能の関係は？
11. バリデーションの実施とその頻度は？
12. 2-Dクロマトグラフィーとは？どういう効果を期待？
13. 「不確かさ」とはどういうこと？
14. ベースラインが安定しないときの注意点は？
15. HPLCでピークが広がり，変形する場合の理由や対策は？
16. 検量線を引くとき誤差を大きくしないための注意点は？
17. HPLCの無人運転は問題あり，また安全対策は？
18. 室温とはどういう意味？
19. 緩衝液のpHを調整する際，温度の影響は？
20. 内標準物質とサロゲートの違いは？

2章 逆相系分離 ―固定相・充填剤―
21. 逆相カラムの性能評価項目とその意味合いは？
22. オクタデシルシリルシリカゲル充填剤の性能に統一された標準がないのは？
23. 反応溶媒に水分が混入した際の問題は？
24. 保持の再現性は工夫次第で得られるのでは？
25. 極性基導入型逆相型カラムの長所，短所は？
26. タンパク質の逆相分離で長いカラムが必要ないという理由は？
27. タンパク質の逆相分離で固定相の炭素鎖長さが分離に影響しない？
28. タンパク質の逆相分離で充填剤の粒子径の違いが分離に影響しない？
29. 逆相分配モードで移動相の塩が保持に与える影響は？
30. 逆相イオン対クロマトグラフィーにおける温度管理の重要性は？

3章 非逆相系分離 ―固定相・充填剤―
31. 高純度シリカゲルが基材として多用されるのは？
32. カラム充填剤のリガンド密度が高ければ吸着能も高くなる？
33. モノリスカラムとは，また期待できる性能は？
34. HILICとはどんな分離モード？
35. ジルコニア基材カラムとは，またその利点は？
36. フルオロカーボン系シリカカラムの保持特性は？
37. 有機溶媒を使用して保持を調整する方法は？
38. 内面逆相カラムとはどんなもの？
39. サイズ排除クロマトグラフィーで，GPCとGFCの違いは？
40. 低分子リガンドをもつキラル固定相はどのものがよい？
41. 高分子リガンドをもつキラルカラムにはどんなものがある？
42. SFCを利用した光学異性体分離は可能？
43. カラムを恒温槽で使用する場合の注意点は？

4章 移動相（溶離液）
44. HPLC用溶媒・試薬はどこの製品を選ぶ？
45. グレードの試薬を急に代用する際の留意点，必要な処理は？
46. 溶媒にアセトニトリルを使用するとカラムの理論段数が高くなる？
47. 溶媒にアセトニトリルを使用するときの健康安全上の問題は？
48. 溶媒をリサイクルする方法は？
49. 緩衝液系移動相で分析する場合の注意点は？
50. 溶離液に使用する緩衝液に，リン酸塩がよく使用されるのは？
51. 溶離液に使用する緩衝液の最適な濃度は？
52. 緩衝液を調製する際，塩の選択は？
53. 実験室内の空気中成分がクロマトグラムに影響を与える？
54. ノイズの原因の溶存酸素の効率的な除去方法は？
55. 溶媒のアースの取り方は？

5章 検 出
56. 濃度依存型検出器と質量依存型検出器とは？
57. UV検出器で高感度検出を行うための注意点は？
58. UV検出器の検出波長を選択するときの留意点は？
59. 蛍光検出器を用いる際の留意点は？
60. 電気化学検出器のタイプと電極の種類・使用法は？
61. ELSDで使用できる溶媒範囲は？
62. ELSDの分析条件設定上の可変パラメーターとは？
63. ポストカラム法を使用する際の注意点は？

5章 HPLC分析 ―装置・試料前処理―
64. HPLCの始動時に必要な点検項目とは？
65. クロマトグラフ配管の内径は，カラム性能に影響を与える？
66. 分離膜方式とヘリウム脱気方式の脱気装置の特徴は？
67. 移動相を切り替える際にプランジャーシールは交換する？
68. オートサンプラーによって注入方法に違いが，また特徴は？
69. キャリーオーバーを少なくするオートサンプラーとは？
70. LCをLANで結ぶには？
71. オンライン固相抽出法の特長と使用法は？
72. HPLC用の除タンパク操作の具体的方法は？
73. ナノLCで分取は可能？

7章 LC/MS
74. LC/MSのインターフェイスの構造は，種類は？
75. 付加イオンとは？
76. スキャンモードとSIMモードの違いは？
77. ESIとAPCIの使い分けは？
78. ESIにおけるイオン化条件の最適化の方法は？
79. LC/MSでの最適な移動相流量は？
80. ESIで100％有機溶媒移動相では感度がないのは？
81. ESIで多価イオンのできる理由は？
82. LC/MSで定性分析を行う際，より多くの情報を得る方法は？
83. LC/MS測定で得られたスペクトルを検索するデータベースは？
84. LC/MSで定量分析を行うときのポイントは？
85. LC/MSスペクトルから測定化合物の分子量を判定する方法は？
86. 多価イオンから分子量を計算する方法は？
87. 実試料で感度が低下するマトリックス効果とは？
88. 糖類をLC/MSで測定する方法は？
89. LC/MS測定で試料の前処理についての注意点は？
90. LC/MSでプレカラムの誘導体化法とは？
91. LC/MSに適したポストカラムの誘導体化法とは？
92. 揮発性イオンペア剤の選び方，使用上の注意点は？
93. LC/MSでTFAを使うと感度が落ちるのは？
94. 不揮発性移動相は本当に使えない？
95. MS/MSの利点と欠点は？
96. LC/MS/MSの構造と分析原理とは？

液相色譜

液クロ
犬の巻

誰にも聞けなかった
HPLC Q&A
High Performance Liquid Chromatography

監修■東京理科大学薬学部教授
薬学博士　中村　洋

編集■(社)日本分析化学会
　　　液体クロマトグラフィー研究懇談会

プロ集団が書いた、オフィシャルガイド!!

液クロの現場で日々発生する素朴な疑問の数々。想定されるこれらの問題に、液クロ懇談会の精鋭メンバーが分かり易く答えております。最先端の情報をもとに編集された『液クロ犬の巻』が、さまざまな現場で活用されますことを願っております。

B5版　214頁
定価■本体価格**2,850**円＋税
ISBN4-924753-52-1　C3043

発行　筑波出版会
〒305-0821 茨城県つくば市春日2-18-8
電話■029-852-6531　FAX■029-852-4522
URL■http://www.t-press.co.jp/

発売　丸善出版株式会社
〒140-0002 東京都品川区東品川4-13-14
　　　　　グラスキューブ品川10F
電話■03-6367-6038　FAX■03-6367-6158

液クロ　犬(イヌ)の巻

『液クロ 犬(イヌ)の巻』あらまし Question 項目

1章　HPLCの基礎と分離
1. 最近よく聞くHILICとは？
2. シリカゲルカラムに水を含む移動相を用いることは可能？
3. ペプチドを分離・精製するよい方法とは？
4. 親水性相互作用クロマトグラフィーの分離機構は？
5. 親水性相互作用クロマトグラフィーと逆相クロマトグラフィーとの選択性の違いは？
6. ペプチドを分離するメリットは？
7. 逆相充填剤の細孔に移動相が入ったり、出たりするのは？
8. 分離中、溶出時間の再現性を低下させないためには？
9. 極性基内包型逆相固定相の特徴と利用法は？
10. 塩基性化合物でないのにテーリングするのは？
11. 現在のカラムでアミンの添加は必要？
12. 逆相カラムでC1～C4程度のカラムが使われないのは？
13. 複合分離とは？
14. ルーチン分析でHPLCシステムの改造は必要？
15. どの程度の大きさの粒子径の充填剤が市販？
16. カラム洗浄によって劣化カラムを回復させることは可能？
17. カラムに重金属が蓄積する原因は？
18. カーボンを使った固相抽出やHPLCカラムのカーボンは同じもの？
19. 充填剤の細孔径、細孔容積、比表面積は保持や理論段とどのような関係？
20. ポリマー型モノリスカラムのキャパシティーが高い理由は？
21. 流速に対する理論段数の変化が少ない理由は？
22. 配位子交換クロマトグラフィーの原理と適用例は？
23. 異性体の分離に適したカラムとは？
24. pHグラジエントとはどんな方法？
25. カラム温度が高い方が保持時間は小さい、逆の現象は？
26. 構造による分離しやすい化合物、分離しにくい化合物は存在？
27. 光学異性体を分離するときカラムや移動相の選択法は？
28. ODSカラムより、キラル固定相を用いた方が分離がよいのは？

2章　検出・解析
29. FTIRをSFC, SFEやHPLCの検出器として利用するには？
30. 蛍光強度を低下させてしまう溶離液条件や成分は？
31. 古いUV/VIS検出器の波長正確さの確認は？
32. レーザー蛍光検出法の利点と弱点は？
33. データ取込み・ピーク検出に関しての注意事項は？
34. LC/NMRはどのようにしたらできる？
35. AUFS設定とインテグレーターのAUあるいはmV表示の関係は？
36. LC/ICPの利点と欠点は？
37. 光化学反応検出法の原理は？
38. 化学発光検出法の原理は？
39. 電気伝導度検出器の測定原理は？
40. 電気伝導度検出器でどのようなものを測定できる？
41. HPLCに用いられる検出器の種類と注意点は？
42. 検出器をミクロ化する効果は？
43. 液体クロマトグラフィーでのオンカラム検出法は？
44. 知っていると便利なインターネットのアドレスは？
45. FDA21 CFR Part11の内容は？
46. 算術的に不分離ピークを分離できる？
47. データ処理におけるベースラインの引き方は？
48. HPLCのバリデーション計画の手順は？
49. 超臨界流体クロマトグラフィーを分取クロマトグラフィーとして利用する利点は？
50. 精製度を知る方法は？
51. リサイクル分取の方法や注意点は？
52. 擬似移動床法とは？
53. 分析用HPLCで分取するさいの注意点や限界は？
54. CEとHPLCの利点と欠点は？
55. イオン排除クロマトグラフィーの原理は？
56. マイクロセパレーション、ナノフローとは？
57. 網羅的分析とはどのような分析？
58. 二次元クロマトグラフィーのハード、ソフトは？

3章　試料の前処理
59. 除タンパク前処理法の条件は？
60. 血漿中で分解する薬物を安定化させる方法は？
61. 逆相HPLCフラクションの濃縮時に突沸などが発生する解決方法は？
62. オンライン固相抽出法で使用される前処理カラムは？
63. 固相抽出の自動化装置やロボットを使用するときの留意点は？
64. 生体試料分析でカラム寿命をのばすには？
65. 浸透抑制型充填剤カラムと内面逆相型充填剤カラムは同じもの？
66. プレカラム誘導体化法でアミノ酸の定量分析を行うときの問題は？
67. 糖類の検出法は？
68. 有機酸の検出法は？
69. 安定剤が含まれている溶媒にはどんなものがある？
70. LC/MSにはLC/MS用の溶媒の使用が望ましいのは？
71. 移動相の最適流量とは？
72. 酸性、塩基性物質両用のイオン対試薬は？
73. 古い試薬が使えるかどうかの判断は？
74. カラム評価にはどのような試薬が使われている？
75. 移動相にTHFを使うときの注意点は？
76. バッファーの選択での注意点は？
77. 装置間で保持時間が変わらないようにするには？
78. 溶離液を再現性よく調製するコツは？
79. カラム内のシリカゲルが溶けたり、チャネリング現象がみられるのは？
80. リン酸緩衝液を簡便に調製する方法は？
81. グラジエント溶出のためのミキサーの種類と特徴は？

4章　LC/MS
82. LC/MSの日常的なメンテナンスの方法は？
83. APCI, ESI以外のインターフェイスは？
84. 分子量より大きな質量数のイオンが観測されたのは？
85. 新品のLCをMSに接続するときの注意点は？
86. LC/MSで測定したら、界面活性剤が検出されたのは？
87. UVで見えるピークがMSで見えないのは？
88. TICでベースラインの落ち込みとしてピークが観測されるのは？
89. LC/MS/MSスペクトルのライブラリーデータベースは？
90. LC/MSの溶離液を検討するときの注意点は？
91. イオン化条件の最適化の方法は？
92. 異なるメーカーの装置でパラメーターを組む場合の留意点は？
93. LC/MS装置の精度管理は？
94. LC/MSで測定するときのパラメータの設定は？
95. 緩衝液の選択の目安は？
96. LC/MSで未知試料の分子量を推定するには？
97. ピーク強度に再現性が得られない原因と対策は？
98. LC/TOF-MSで定量分析は可能？

液相色譜

液クロ 武の巻

誰にも聞けなかった
HPLC Q&A
High Performance Liquid Chromatography

監修■東京理科大学薬学部教授
薬学博士　中村 洋

編集■(社)日本分析化学会
液体クロマトグラフィー研究懇談会

プロ集団が書いた、オフィシャルガイド!!

液クロの現場で日々発生する素朴な疑問の数々。想定されるこれらの問題に、液クロ懇談会の精鋭メンバーが分かり易く答えております。最先端の情報をもとに編集された『液クロ武の巻』が、さまざまな現場で活用されますことを願っております。

B5版 206頁
定価■本体価格 **2,850**円＋税
ISBN4-924753-54-8　C0043

発行　筑波出版会
〒305-0821 茨城県つくば市春日2-18-8
電話■029-852-6531　FAX■029-852-4522
URL■http://www.t-press.co.jp/

発売　丸善出版株式会社
〒140-0002 東京都品川区東品川4-13-14
グラスキューブ品川10F
電話■03-6367-6038　FAX■03-6367-6158

液クロ 武(ブ)の巻

『液クロ 武(ブ)の巻』あらまし Question 項目

1章　HPLCの基礎と分離
1. 生体試料中の薬物濃度分析法のバリデーションは？
2. 「液クロ虎の巻」シリーズを検索しやすいCD-ROMのような形には？
3. 理論段数や分離度，分離係数は何のために算出する？
4. クロマトグラフィー関係の用語を定義したものは？
5. どのような条件下でも t_0 を正確に測定できる試料は？
6. ゴーストピークの見分け方と，その原因・対処法は？
7. UV測定で，ネガティブピークが t_0 付近に出る原因と対策は？
8. 超高速HPLC分析を行う際の問題点とその解決方法は？
9. ベースラインが安定しない場合のよい方法は？
10. 分析事例がない物質のカラム選択と移動相の設定を行うには？
11. 分離能を改善するには？
12. グラジエント条件でのHPLC分析で，気泡が発生する原因と対策は？
13. 有機溶媒添加後の溶離液のpH調整は値が正確で再現的か？
14. 逆相系シリカベースのカラムではエンドキャップはどんな割合で導入？
15. ポリマー系カラムの利点と欠点は？
16. 分子インプリント法とは？
17. 内面イオン交換カラムとは？
18. 同じODSなのに，なぜ分離能や溶出順序が変わる？
19. 広い表面積のカラムを選択するとなぜよいか？
20. HPLC用のキャピラリーカラムにフューズドシリカが使われている訳は？
21. ミックスモード充填剤はなぜHPLCに使われていないのか？
22. 超高圧型システムの原理およびメリット，デメリットは？
23. 流速グラジエント法とは？
24. イオン抑制法とイオンペア法の違いと使い分けは？
25. 両性化合物に使うイオン対試薬は？
26. o, m, p-位置異性体分離に最適なカラムは？
27. 逆相HPLCでTHFを溶離液に加えると分離が改善するのは？
28. 極性が極端に高いサンプルから低いものまでを一斉分析するコツは？
29. 逆相固定相の分析で，移動相による固定相の濡れは必要か？
30. 逆相分離用有機溶媒−水系移動相では，有機溶媒の固定相への溶媒和の程度は？
31. 逆相HPLCで中性の移動相では，塩基性化合物がテーリングする理由は？
32. キラル分離で，不斉中心から官能基がどれほど離れると不斉認識しなくなるか？
33. シクロデキストリン充填剤のキラル分離メカニズムは？
34. キラル化合物測定による「光学純度」の算出では，ピーク面積値からの計算は？
35. 分離係数はどのくらいあれば良好にキラル分離が可能？
36. 充填カラムを用いた超臨界流体クロマトグラフィーに利用できる検出器は？
37. SFCとHPLCで，分離効率の違いはどの程度？

2章　検出・解析
38. 送液がうまくできない理由と対処法は？
39. インジェクターバルブ/オートサンプラーはμL以下の正確な注入をどう実現する？
40. ハイスループット化をはかる方法は？
41. 装置が多過ぎて，電圧が不安定な場合は？
42. HPLCのマイクロチップ化の状況は？
43. マイクロ化/チップ化したHPLCの利点/欠点，技術的課題は？
44. 装置内部が汚れたときの適切な洗浄方法は？
45. グラジエント法で，移動相が設定プログラムより遅れて混ざり合う原因は？
46. 高温・高圧水を移動相とするHPLCに，用意するシステムは？
47. 充填剤粒子系2μm以下で高速分離をするHPLCシステムの注意点は？
48. ポンプからの液漏れの原因と対処法は？
49. 配管チューブの使い分けと，チューブ内径選択の重要性は？
50. キャピラリーカラムを確実に接続できるフィッティングは？
51. パルスドアンペロメトリー検出器の原理は？
52. パルスドアンペロメトリー検出器で何が測れるか？
53. 反応試薬を移動相に添加するポストカラム誘導体化法とは？
54. 蛍光検出器のセル温調の効果とは？
55. UV-VIS検出器のセル温調の効果とは？
56. 間接検出法の実例は？
57. HPLCで純度を求める際に，波長によって純度が異なるときはどうするか？

3章　試料の前処理
58. 移動相の溶媒を保管する際の注意点は？
59. HPLC用溶媒とLC/MS用溶媒の基本的な違いは？
60. 超純水製造装置を使うより，HPLC用水を購入する方が割安では？
61. 分取クロマトグラフィーのランニングコストを安くする方法は？
62. 移動相に使う引火性の有機溶媒の取扱い上の注意点は？
63. 有害性のある有機溶媒を使う際の規制は？
64. 使用済みのカラムの廃棄方法は？
65. 固相抽出カートリッジカラムの使用期限は？
66. 固相抽出用器材には分析種の非特異的吸着がないか？
67. 試料注入前に，フィルターで沪過することの是非は？
68. フィルターで除タンパクすると，未知ピークが出るのはなぜ？
69. キャピラリー用モノリスカラムで多量試料の導入ができるか？
70. 生体試料のピークがブロードになったり，テーリングするのはなぜ？
71. ペプチド類をトラップカラムに吸着させるときの最適な移動相は？
72. タンパク質の消化物を高速分析する方法は？
73. アミノ酸分析や有機酸分析に使える誘導体化試薬とは？
74. アミノ酸分析でのプレカラム誘導体化法とポストカラム誘導体化法の使い分けは？

4章　LC/MS
75. LC/MSとは？
76. LC部の汚れでLC/MSの感度が低下，どうするか？
77. LC/MS (/MS) で高いスペクトル感度が得られる分析計は？
78. LC/MS/MSで問題になるクロストークとは？
79. 高流速でLC/MS (/MS) を使う場合の注意点は？
80. LC/MSの移動相として使われる酢酸やギ酸の特徴は？
81. LC/MSのチューニングとは？
82. LC/MSのキャリブレーションとは？
83. LC/MSではなぜ分析時間の経過とともに感度が低下する？
84. LC/NMRで ^{13}C や2次元の測定ができるか？
85. LC/NMRで通常のHPLC溶媒は使えるか？
86. LC/NMRはLC/MSに比べてどんなよいところがあるか？
87. LC/MSでイオンペア試薬を使うと極端に感度が落ちる原因は？
88. 逆相カラムで保持しない成分をLC/MSで測定する方法は？
89. LC/MSの種類，長所と欠点，それぞれの利用方法とは？
90. マイクロスプリッターを使ったLC/MS分析の注意点は？
91. Nano-LC/MSでよいデータをとるための注意点は？

液相色譜

液クロ 文の巻

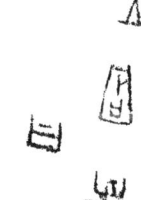

誰にも聞けなかった
HPLC Q&A
High Performance Liquid Chromatography

虎の巻シリーズ全6巻総索引付き

監修 ■ 東京理科大学薬学部教授
薬学博士 **中村 洋**

編集 ■ (社)日本分析化学会
液体クロマトグラフィー研究懇談会

プロ集団が書いた、オフィシャルガイド!!

大好評発売中の『液クロ虎(トラ)の巻』『液クロ龍(リュウ)の巻』『液クロ彪(ヒョウ)の巻』『液クロ犬(イヌ)の巻』『液クロ武の巻(ブ)の巻』等の虎の巻のシリーズ完結編の第6巻。液クロの現場で、日々発生する素朴な疑問の数々に液クロ懇談会の精鋭メンバーが分かり易く答えた、液体クロマトグラフィーに関するオフィシャルガイド。巻末の総合目次索引で、他巻の質問項目も確認できる。また、虎の巻シリーズ全6巻総索引付の優れモノ。

B5判 220頁　定価 ■ 本体価格 **2,800**円+税
ISBN4-924753-57-2　C3043

【発行】筑波出版会
〒305-0821 茨城県つくば市春日2-18-8
電話 ■ 029-852-6531　FAX ■ 029-852-4522
URL ■ http://www.t-press.co.jp

【発売】丸善出版株式会社
〒140-0002 東京都品川区東品川4-13-14
グラスキューブ品川10F
電話 ■ 03-6367-6038　FAX ■ 03-6367-6158

液クロ 文(ブン)の巻

『液クロ 文(ブン)の巻』あらまし Question 項目

1章 前処理編

1. 分析に用いるイオン交換水，蒸留水，超純水の水質の違いと精製方法は？
2. 超純水装置で紫外線ランプが装置されているのはなぜか？
3. nanoLC/MS(/MS)によるタンパク質分析に用いる水は何が適しているか？
4. 超純水装置からの採水には，注意しないと分析に影響が出る？
5. 超純水は採取直後に使った方がよいのはなぜか？
6. 分析における精度管理のうえで，純水・超純水装置の管理に必要なことは？
7. HPLC用試薬，純水とLC/MS用試薬，純水が市販されているが，分析における違いは？
8. クロマトグラフィー関連試薬は，メーカーを変えることで分離に影響するか？
9. 移動相に使用するメタノール，アセトニトリルなどの一般的な品質保持期間は？
10. ポストカラム誘導体化法などで使用する反応試薬の保存期間や注意点は？
11. LC用やLC/MS用溶媒などの溶媒を扱うときの注意点は？
12. 順相系分取HPLCをセットアップする場合，ヘキサンなどの高揮発性の溶媒を大量使用するときの安全面や注意点は？
13. 海外でも同じブランドの試薬を容易に入手できるか？
14. よく実験で用いる洗浄びんの使用には注意が必要なのはなぜか？
15. 分析に用いる容器の洗浄や保管の注意点は？
16. 試料保存容器は何を使えばよいのか，容器の違いによる差はあるのか？
17. 生体試料中の医薬品を逆相HPLCで分析する場合の，簡単で効果的な前処理法とは？
18. 複合分離モードのHPLCカラムに適した固相抽出カラムの選択の方法は？
19. マイクロリットルオーダーの極微量試料を固相抽出で精製することはできるか？
20. 市販の試料前処理フィルターのHPLC用と限定されたものの違いは何か？
21. 夾雑物を多く含む試料の前処理に適したフィルターは？
22. 食品中の糖類を分析する方法は？
23. 食品中のアミノ酸分析法とは？
24. 食品中の有機酸分析法とは？
25. 残留農薬の一斉試験法にGC/MSとLC/MS(/MS)が用いられるが，両者の特徴は？
26. 水道水中の陰イオン界面活性剤の分析で，安定した回収率を得るためのコツは？

2章 分離編

27. キレート剤を移動相に添加して，金属イオンを分離・検出する方法とは？
28. 同じ移動相を作成して使用しても，バックグラウンドが昨日と一致しない原因は？
29. 試料を注入していないのに，インジェクターを倒しただけでピークが出るのはなぜか？
30. 試料溶解溶媒と移動相溶媒の種類や組成比が異なる場合，クロマトグラム上に与える影響と発生する現象は？
31. イオンクロマトグラフィーのグラジエント溶離において，サプレッサーを接続していてもゴーストピークが検出される原因と対策は？
32. 逆相分配クロマトグラフィーにおける，緩衝液の種類と濃度が分離に及ぼす影響は？
33. 逆相HPLC分離で，同一装置，同一カラムを使用していて，日によって保持時間および分離度が変動するのはなぜか，考えられる原因と対策は？
34. $H-u$曲線のつくり方のできるだけ具体的方法は？
35. 疎水性リガンドに親水性基やフッ素などを導入した固定相を充填した市販逆相カラムの使い道や利点と欠点とは？
36. 同一の粒子径，細孔容量，比表面積のゲルに同じ官能基が導入されている場合，どのメーカーでも同じデータがとれるのか？ 違いがあるとしたら，その原因は？
37. ODSカラムの初期選択として，どのカラムを購入すべきか，どのような機能性に着目して選択すればよいか？
38. ミクロ，セミミクロ流量域で使用できるモノリス型シリカカラムはあるのか？
39. カラムの交換時期についての指針は？
40. A社の理論段数10000段の逆相カラムに代えて，B社の同サイズの理論段数15000段カラムを使用したが，思ったほど分離向上が見られない．これはなぜか？
41. イオン交換カラムでは，シリカゲル基材およびポリマー基材では分離や性質にどのような違いがあるのか？
42. カラムの保存方法，有効期間についての注意点は？
43. 効率的に分析法を開発するための手順とは？
44. 分析時間を短くするとき，グラジエントカーブはどのように変更すればよいか？
45. 逆相HPLC条件の検討をしているが，分離が不十分なので，もう少し改良するには何から始めればよいのか？
46. 分取超臨界流体クロマトグラフィーを利用した分取精製をする際の注意点は？
47. 高圧切換えバルブを用いたカラムスイッチング法の方法と流路例は？
48. 新規に購入した逆相カラムを使用したところ，今までとは分離パターンが異なってしまった．製造メーカーから，以前使用していたものと同一バッチのゲルを充填した新品カラムを提供されたが，そのカラムでも以前の分離パターンは再現できない．なぜこのようなことが起こるのか？
49. 脂肪酸の分離に銀を用いた配位子交換クロマトグラフィーが有効と聞いたが，原理は？
50. 有機酸の分離には，どのようなモードを選べばよいのか？
51. 分取精製に有効なカラムはどう選べばよいのか？
52. タンパク質キラル固定相とペプチドキラル固定相は，ともにキラル分離に有効だが，その違いは何なのか？
53. 高速分析におけるカラムの選び方や注意点は？
54. 逆相系における高温条件下での分析について，その効果とは？
55. カラムの温度を高温で使用する場合，通常のLCシステムで使用しても問題はないか？
56. 高速分析をするときのHPLC装置での注意点は？
57. 高速分離のために小さい充填剤を使用する場合，どの程度まで小さい充填剤が市販されているのか？
58. 高速分析ではピークが高速に出現すると思うが，検出器の応答速度はどの程度必要か？
59. 分析の高速化を行う場合，実際にはカラム洗浄と再平衡化に時間がかかり，思ったほど高速化できない．より高速化するには，どうすればよいか？

3章 検出編

60. HPLCの分析における検量線用溶液調製方法，検量線の

作成方法は？
61 HPLCでは定性分析の経験しかないが，定量分析を行う際の注意点は？
62 ポストカラム誘導体化法の種類，内容とは？
63 プレカラム誘導体化法では，どのような方法が有効なのか？
64 初心者で，HPLCの消耗品の注文やメンテナンスの相談などの場合に，部品の名称がわからない．フェラル，押しねじ，ユニオン，プランジャーシールとは何か？
65 プランジャーやバルブの洗浄・交換のポイントは？
66 HPLCの配管（チューブの種類や長さなど）のときに，気をつけることは？
67 カラムの連結では違う種類のカラムをつなぐ方法でもよいのか，その適用例は？
68 スタティックミキサーとは何なのか？ どの容量を選べばよいのか？
69 HPLCの移動相の流量をはかる便利な器具は？
70 ELSDを初めて使う場合，使用にあたって，ELSD特有の注意点は？
71 PDA検出器で確認試験と定量試験をかねる場合の正しい運用方法は？

4章　LC/MS編

72 LC/MSインターフェースの種類，選択のコツは？
73 モノアイソトピック質量とは何か？
74 LC/MSとGC/MSで得られるフラグメンテーションが異なる理由は？
75 LC/MS(/MS)で得られる分子関連イオン以外のフラグメントイオンの帰属を解析する際の注意点は？
76 LC/MSにおけるデータのサンプリング速度とスペクトルやクロマトグラムとの関係はどうなっているのか？
77 未知試料をLC/MSで分析する際に推奨されるMS条件設定の手順は？
78 未知試料をLC/MSで分析する際に推奨されるLC条件設定の手順は？
79 LC/MS/MS，MRMでの多成分同時微量分析で，特定の成分のみがばらつくが，その原因にはどんなことが考えられるのか？ 実試料だけでなく標準試料の分析でも観察され，UV検出器では観察されない場合の解決方法は？
80 LC/MSで高速分析を行う場合の注意点は？
81 LC/MSでバックグラウンドイオンが観測される原因と減少させる方法は？
82 血液試料をLC/MSしたときのバックグラウンドを下げる方法は？
83 LC/MSで人体に有害な物質を分析する場合，排気が気になるが，排気の仕組みは？
84 HPLC，LC/MSに関する初心者向けの市販の参考書は？

液クロ虎(トラ)の巻
誰にも聞けなかった HPLC Q&A

●

発行	平成13年11月22日　初 版 発 行
	平成29年12月1日　　第12刷発行

監修　東京理科大学 薬学部教授　中村　洋
編集　(社)日本分析化学会 液体クロマトグラフィー研究懇談会
発行人　花山　亘
発行所　株式会社筑波出版会
　　　　〒305-0821　茨城県つくば市春日2-18-8
　　　　電話　029-852-6531
　　　　FAX　029-852-4522
発売所　丸善出版株式会社
　　　　〒101-0051　東京都千代田区神田神保町2-17
　　　　電話　03-3512-3256
　　　　FAX　03-3512-3270
制作協力　悠朋舎
印刷・製本　(株)シナノパブリッシングプレス

●

©2004〈無断複写・転載を禁ず〉
ISBN978-4-924753-47-1 C3043
◎落丁・乱丁本は筑波出版会にてお取り替えいたします(送料小社負担)

追加情報は下記に掲載いたします
URL=http://www.t-press.co.jp